NATURWISSENSCHAFTLICHE VORTRÄGE UND SCHRIFTEN

HERAUSGEGEBEN VON DER BERLINER URANIA

IN ZWANGLOSEN HEFTEN

Bisher sind erschienen:

Heft 1. **Über das System der Fixsterne.** Von weil. Geh. Rat Professor Dr. K. Schwarzschild, Direktor des Astrophysikalischen Observatoriums bei Potsdam. Mit 13 Figuren. 2. Auflage [44 S.] gr. 8. 1916. Geh. . . . . M. 1.—

Heft 2. **Die natürlichen Heilkräfte des Organismus gegen Infektionskrankheiten.** Von Professor Dr. E. Metschnikoff, Unterdirektor des Institut Pasteur zu Paris. Mit 17 Figuren. [26 S.] gr. 8. 1909. Geh. . . . . M. 1.20

Heft 3. **Physikalische Entwicklungsmöglichkeiten.** Von Dr. P. Spies, Professor an der Königl. Akademie zu Posen. [16 S.] Lex.-8. 1909. Geh. . . . . M. —.50

Heft 4. **Unsere ältesten Vorfahren, ihre Abstammung und Kultur.** Von Dr. Heinrich Michelis in Königsberg i. Pr. Mit 14 Figuren. [35 S.] gr. 8. 1910. Geh. . . . . M. —.80

Heft 5. **Die neue Mechanik.** Von weil. Professor Dr. Henri Poincaré, Membre de l'Académie de France. 2. Aufl. [22 S.] gr. 8. 1913. Geh. . . . . M. —.60

Heft 6. **Physikalisches über Raum und Zeit.** Von Professor Emil Cohn in Straßburg i. Els. 2. Aufl. [29 S.] gr. 8. 1913. Geh. . M. —.80

Heft 7. **Die Bekämpfung der Mückenplage im Winter und Sommer.** Von Professor Dr. Claus Schilling in Berlin. [18 S.] gr. 8. 1911. Geh. . . . . M. —.50

Heft 8. **Der Ameisenstaat.** Seine Entstehung und seine Einrichtung, die Organisation der Arbeit und die Naturwunder seines Haushaltes. Von Dr. E. A. Goeldi, Professor an der Universität Bern. Mit 20 Abbildungen. [48 S.] gr. 8. 1911. Geh. . . M. —.80

Heft 9. **Die irdischen Energieschätze und ihre Verwertung.** Von Dr. Hermann Scholl, a. o. Prof. an der Universität Leipzig. [II u. 19 S.] gr. 8. 1912. Geh. . . . . M. —.60

Heft 10. **Über die neuen Bestrebungen, das Los der Krebskranken zu verbessern.** Von Dr. Vincenz Czerny in Heidelberg. [II u. 18 S.] gr. 8. 1913. Geh. . . . . M. —.60

Verlag von B. G. Teubner in Leipzig und Berlin

ÜBER DAS SYSTEM
DER FIXSTERNE

AUS POPULÄREN VORTRÄGEN

VON

Dr. K. SCHWARZSCHILD
O. Ö. PROF DER ASTRONOMIE UND DIREKTOR DER STERNWARTE
ZU GÖTTINGEN

ZWEITE AUFLAGE

MIT 13 FIGUREN IM TEXT

Springer Fachmedien Wiesbaden GmbH
1916

ISBN 978-3-663-15227-9   ISBN 978-3-663-15790-8 (eBook)
DOI 10.1007/978-3-663-15790-8

ALLE RECHTE, EINSCHLIESSLICH DES ÜBERSETZUNGSRECHTS, VORBEHALTEN

SEINEM HOCHVEREHRTEN LEHRER

HERRN GEHEIMRAT
PROF. DR. H. V. SEELIGER

ZUR FEIER SEINES 60. GEBURTSTAGS

GEWIDMET VOM VERFASSER

I. Vom Fernrohr.[1]

Vom Wesen des Fernrohrs läßt sich eine Anschauung gewinnen, indem man es aus zwei einfachen wohlbekannten Elementen, der Lupe und der photographischen Kamera, entstehen läßt.

Eine Lupe — eine einfache bikonvexe Linse — läßt den Gegenstand, den man durch sie hindurch betrachtet, vergrößert erscheinen. Ein gewisses Maß für diese Vergrößerung erhält man in einer für jede Lupe charakteristischen Größe, der „Brennweite" der Lupe. Die Brennweite läßt sich folgendermaßen bestimmen: Entfernt man die Lupe allmählich von dem Objekt, das man betrachten will, so darf man diese Entfernung nicht über einen gewissen Betrag vergrößern, solange man noch deutlich sehen will. Der größte Abstand zwischen der Lupe und dem Objekt, bei dem man noch deutlich sieht, ist die Brennweite der Lupe. Die Vergrößerung, welche eine Lupe erzielt, ist nun um so höher, die Lupe ist um so schärfer, wie man sagt, je kleiner die Brennweite ist, je dichter man mit der Lupe an dem Objekt bleiben muß. Und zwar wird die Vergrößerung doppelt so groß, wenn die Brennweite die Hälfte ist. Die Vergrößerung der Lupe ist ihrer Brennweite umgekehrt proportional.

Die photographische Kamera besteht aus einem Kasten, an welchem sich vorne eine Linse, das sogenannte Objektiv, befindet; auf der Rückseite trägt der Kasten die sogenannte Mattscheibe, an deren Stelle bei der photographischen Aufnahme die empfindliche Platte eingesetzt wird. Das Objektiv entwirft auf der Mattscheibe ein Bild des davor befindlichen Gegenstandes. Man muß die Mattscheibe in eine ganz bestimmte Entfernung von der Linse bringen, um ein scharfes Bild zn erhalten, und zwar um so näher, je entfernter der Gegenstand ist. Rückt der Gegenstand unendlich weit fort, so erhält man eine gewisse miniale Entfernung zwischen Linse und Mattscheibe, und diese ist wieder eine für die Objektivlinse charakteristische Größe und heißt die Brennweite des Objektivs. Die Größe des auf der Mattscheibe entstehenden Bildes hängt ab von der Brennweite des Objektivs, und zwar wird dieselbe die doppelte, wenn die Brennweite auf das Doppelte steigt, die Größe des Bildes ist der Brennweite des Objektivs direkt proportional.

Nun ist das Fernrohr aus Lupe und photographischer Kamera zusammenzusetzen.

Wenn man eine photographische Aufnahme gemacht hat, so wird man oft hinterher die photographische Platte durch eine Lupe betrachten,

---

[1] Aus dem Jahrbuch des Freien deutschen Hochstifts zu Frankfurt am Main 1908. Nach einem Vortrag vom 11. Februar 1908.

um ihre Einzelheiten genauer zu erkennen. Will man aber die betreffende Ansicht nicht dauernd aufbewahren, so kann man auch das auf der Mattscheibe entstehende Bild mit der Lupe betrachten und wird dann den Gegenstand um so schärfer und vergrößerter sehen, je größer einerseits die Brennweite des Objektivs des Photographenapparates und damit das Bild auf der Mattscheibe ist, je schärfer andererseits die Lupe, je kleiner deren Brennweite ist. Und nun fehlt nur noch eins, um ein Fernrohr entstehen zu lassen. Man muß merken, daß die Mattscheibe überflüssig ist. Zieht man vor der Lupe die Mattscheibe heraus, so wird das Bild nur deutlicher; die Mattscheibe ist in der Tat nur ein Notbehelf zum Einstellen der photographischen Platte. Was so entstanden ist, indem man zwischen Objektiv und Lupe die Mattscheibe herauszog, ist das Fernrohr. Es ist besonders hervorzuheben, daß dies keine theoretische Konstruktion ist, sondern daß, wer eine Kamera und eine Lupe besitzt, zugleich über ein wirklich verwendbares Fernrohr verfügt. Streift man schließlich von dem Photographenapparat noch alles ab, was für den jetzigen Zweck belanglos ist, so bleibt nichts übrig, als zwei Linsen, die Objektivlinse und die Lupe, die man nun als „Okular" bezeichnet. Das Fernrohr besteht, kurz gesagt, aus zwei Linsen, dem Objektiv und dem Okular, die man in der Praxis natürlich in eine Röhre einfaßt.

An diese Zusammensetzung des Fernrohres aus Kamera und Lupe knüpft sich auf Grund der früheren Überlegungen sofort ein quantitativer Schluß über die Vergrößerung des Fernrohrs. Es war festgestellt worden, daß die Vergrößerung der Brennweite des Objektivs direkt, der des Okulars umgekehrt proportional ist, daß, wenn man die Vergrößerung berechnen will, die Brennweite des Objektivs in den Zähler, die des Okulars in den Nenner gehört. Die vollständige Regel für die Vergrößerung eines Fernrohrs lautet: Vergrößerung = Brennweite des Objektivs dividiert durch Brennweite des Okulars. Hat das Objektiv z. B. eine Brennweite von zwei Meter, das Okular eine von fünf Zentimeter, wie das bei kleineren Fernröhren der Fall zu sein pflegt, so ist die resultierende Vergrößerung $200 : 5 = 40$.

Die durch die Vergrößerungszahl ausgedrückte Leistung wird folgendermaßen deutlich: Mit bloßem Auge erkennt man einen wandernden Mann als bewegliches Pünktchen auf etwa 6 km Entfernung. Mit einem 40 mal vergrößernden Fernrohr wird diese Distanz auf das Vierzigfache vergrößert, es wird also ein Mann in 240 km Entfernung sichtbar. Die Distanz wächst proportional der Vergrößerung. Man rechnet sich damit aus, daß eine 2000fache Vergrößerung die Antipoden, eine 60000fache Menschen auf dem Monde, eine 10millionenfache Menschen auf dem Mars sichtbar machen würde.

Soviel über Begriff und Gestalt des Fernrohrs; und nun weiter zu der gleich wichtigen Frage nach den Grenzen der Leistungsfähigkeit und Entwicklungsmöglichkeit des Fernrohrs.

Die eben aufgestellte Vergrößerungsregel scheint die Möglichkeit unbegrenzt hoher Vergrößerungen zu verbürgen. Man kann ein Objektiv von 60 Meter Brennweite herstellen und das von demselben entworfene

Bild mit einem Okular von 1 mm Brennweite betrachten. Objektive und Okulare dieser Brennweiten sind in der Tat schon ausgeführt. Die resultierende Vergrößerung wäre 60000 und müßte die Mondbewohner sichtbar machen. Was ist der Grund, daß diese Linsenkombination in der Praxis scheitert?

Denkt man an das auf der Mattscheibe einer photographischen Kamera entworfene Bild, so hat es natürlich nur dann einen Zweck, dieses Bild durch eine Lupe zu betrachten, wenn es scharf ist. Ist es unscharf, so wird mit der Vergrößerung des Bildes durch die Lupe zugleich auch die Unschärfe vergrößert, und man kann durch weitere Vergrößerung, Verwendung stärkerer Lupen, nicht mehr das Studium des abgebildeten Objekts, sondern höchstens das Studium der Natur der Unschärfe verfeinern.

Jedes von irgendeiner Objektivlinse entworfene Bild ist aber unscharf. Dabei darf man durchaus nicht glauben, daß dies an der Unvollkommenheit irgendwelcher Technik, Ungleichmäßigkeit des Glases oder unvollkommener Formgebung der Linsen liege. Vielmehr ist die Unschärfe eine mit der innersten Natur des Lichts untrennbar verbundene Erscheinung.

Die zur Erklärung der meisten Phänomene ausreichende Vorstellung vom Licht ist, daß es aus unendlich feinen Strahlen besteht, welche allerdings durch Gläser in der verschiedensten Weise gebrochen werden können, aber für gewöhnlich absolut grade verlaufen. Betrachtet man Lichtstrahlen, welche von irgendeinem Punkte herkommen, so sollte man sagen, daß es möglich sei, eine Linse so zu konstruieren, daß die auf sie fallenden Strahlen nach der Brechung alle wieder durch einen Punkt gehen und damit ein scharfes Bild jenes leuchtenden Punktes liefern. Man betrachte eine solche Linse als vorhanden und überdecke sie mit einem Stoff mit durchsichtigen, leeren Maschen, etwa mit dünner Gaze. Dann werden diejenigen Strahlen, welche auf die Fäden der Gaze fallen, abgeschnitten. Die übrigen, sollte man meinen, gehen ungehindert durch die leeren Löcher hindurch. Das Bild des leuchtenden Punktes müßte wegen des Fehlens der abgeschnittenen Strahlen zwar schwächer werden, im übrigen aber unverändert bleiben. In Wirklichkeit sieht man, wenn man dies Experiment mit Hilfe irgendeiner guten Linse ausführt, das Bild des leuchtenden Punktes schwammig und diffus werden. Daraus ist zu entnehmen, daß Lichtstrahlen, wenn sie durch eine enge Öffnung hindurch müssen, eine gewisse Quetschung erleiden, ihr reiner gradliniger Gang wird gestört und dadurch verschwindet die Schärfe des Bildes. Diese Erscheinung, „Beugung des Lichts" genannt, tritt nicht etwa nur bei kleinen Öffnungen auf, bei welchen sie freilich besonders deutlich ist, sie erfolgt bei jeder beliebigen Öffnung, und da jede Linse eine Öffnung für den Durchgang der Strahlen darstellt, da die neben der Linse vorbeigehenden Strahlen für das Entstehen des Bildes nicht in Betracht kommen, so liefert jede Linse ein unscharfes Bild. Die Unschärfe ist nur um so geringer, je größer die Linse ist, würde aber nur bei einer unendlich großen Linse ganz verschwinden.

Wenn die Beugung des Lichts auch die simple Vorstellung der gradlinigen Lichtstrahlung zunichte macht, so darf man sie sich deswegen doch nicht als etwas Unsauberes, etwa von der zufälligen Beschaffenheit des Materials der Öffnungen Abhängiges denken, sie ist vielmehr eine höchst regelmäßige, in ihren Gesetzen streng verfolgbare Erscheinung, zu deren Verständnis man freilich tiefer in das Wesen des Lichts einzudringen hat, als es durch die Annahme von den gradlinigen Strahlen geschieht; man muß seine Wellennatur berücksichtigen. Das nähere Studium ergibt, daß in der Tat nichts als die Größe, der Durchmesser der Objektivlinse auf die Verundeutlichung des Bildes durch Beugung Einfluß hat. Man kann das Okular in jedem Fall so scharf nehmen, daß diese Verundeutlichung gerade merkbar zu werden beginnt, womit dann die größte nutzbare Vergrößerung erreicht ist. Der Wert dieser größten nutzbaren Vergrößerung wird durch eine einfache Regel gegeben. Er ergibt sich zufällig gleich der Anzahl der Millimeter, die auf den Objektivdurchmesser kommen. Da die größten bis jetzt hergestellten Linsen 1 Meter, d. i. 1000 Millimeter Durchmesser haben, so ist die größte zur Zeit erzielbare, nutzbare Vergrößerung durch ein Fernrohr die tausendfache. Damit kann man auf dem Monde zwar keine Menschen, aber immerhin Objekte von 200 m Durchmesser wahrnehmen. Die Fülle der Erscheinungen, welche der Himmel unter einer solchen Vergrößerung darbietet, ist eine gewaltige, noch keineswegs zu Ende durchforschte.

Es wird auch möglich sein, den Durchmesser der Fernrohrlinsen auf 2—3 Meter zu steigern und dann eine mehrtausendfache Vergrößerung zu erzielen. Darüber hinaus wird man aber mit Hilfe des Fernrohrs nicht gelangen können. Es müßte eine neue Erfindung, viel wunderbarer als die des Fernrohrs selbst, gemacht werden, um zu 100000facher Vergrößerung aufsteigen und so unserem Auge einen unmittelbaren Einblick in das Lebensgetriebe unserer Nachbarwelten eröffnen zu können.

II. Über Lamberts kosmologische Briefe.[1])

Die Schriften der exakten Naturforscher aus den letzten 200 Jahren etwa, von der Erfindung der Differentialrechnung an, haben für uns eine unmittelbare Verständlichkeit und Lebendigkeit. Sie sind alle in wenig verschiedenen Dialekten ein und derselben mathematischen Sprache geschrieben und es ist leicht, den dauernden Gehalt herauszuschälen und in moderner Form wiederzugeben. Was von äußeren, der Sache fremden Dingen noch am engsten mit dem unvergänglichen Kern verwachsen ist, das ist die philosophische Anschauung, die das Zeitalter und damit meist auch die naturwissenschaftlichen Autoren beherrschte. Denn nur wenige bedeutende Naturforscher, wie etwa Leibniz, haben, wenn ich so sagen darf, selbst Philosophie gemacht. Die anderen waren mit konkreten Dingen beschäftigt und haben sich mit merkwürdiger Nachgiebigkeit den

---

1) Aus den Nachrichten der Kgl. Gesellschaft der Wissenschaften zu Göttingen. Geschäftliche Mitteilungen 1907. Heft 2. Nach einer Rede vom 9. November 1907.

in jeder Epoche als fortschrittlich geltenden Ideen angeschlossen. Gerade wegen dieser treuen Spiegelung der Umwelt wäre es kulturhistorisch interessant, einmal die philosophische Mode der Naturforscher zu verfolgen von dem fröhlichen Deismus Keplers, dem schwermütigen Mystizismus Newtons an über die Vernunftreligion des Laplace bis zum kritischen Empirismus Machs, welcher heutzutage die Gesellschaftstoilette des Naturforschers bildet.

Ich möchte hier nur einen charakteristischen Punkt aus dieser Wandlung der philosophischen Mode berühren: das Geschick des Begriffes Vollkommenheit. Die moderne Zeit hat ihn gänzlich entwertet, ja fast abgeschafft. Vielleicht weil unsere skeptische Richtung das Unklare des superlativen Begriffs schärfer empfindet und den Maßstab vermißt, an dem die Grade der Vollkommenheit zu messen sind, weil man, um sich eines mathematischen Bildes zu bedienen, hier ein Variationsproblem sieht, dessen Nebenbedingungen nicht gegeben sind.

Vor 150 Jahren galt der Satz „Wir leben in der vollkommensten aller Welten" als eine wichtige, nicht nur in sich wertvolle, sondern auch höchst fruchtbare Wahrheit. Man dachte sie natürlich eingeschränkt durch Zusätze wie: Vollkommenste aller unter den einmal gegebenen physikalischen Bedingungen möglichen Welten, und suchte die Vollkommenheit darin, daß die Welt gewissen abstrakten Idealen genügte, die eines allweisen Schöpfers würdig schienen. Da diese Ideale in Zwecken bestanden, wurde die Auffassung der Welt teleologisch.

Die teleologische Auffassung spielt bei uns noch eine mächtige Rolle in der Biologie. Der heuristische Wert der Frage nach dem Zweck von Organen, nach ihrem Nutzen für Erhaltung und Fortpflanzung der Art, wird von niemand in Zweifel gezogen und wir müssen uns dabei nicht darüber streiten, ob Zielstrebigkeit, Determinanten und Dominanten ein wirklicher Ersatz der kausalen Erklärung sein können.

In der exakten Naturforschung hingegen ist die Teleologie als kindlich und wertlos gänzlich verbannt. Das war vor 150 Jahren anders, da wurde selbst in der durch Newton schon längst auf die exakteste Basis gestellten Astronomie der Schluß aus dem Zweck noch ernst genommen und verwertet. Das 1761 erschienene Buch von J. H. Lambert „Kosmologische Briefe über die Einrichtung des Weltbaues" bringt in der Vorrede das Prinzip der Teleologie zu einem äußerst klaren Ausdruck. Lambert erklärt die Teleologie für eine noch gänzlich unfertige, erst aufzuführende Wissenschaft. Ihr Zweck sei, das vollständige Lehrgebäude von den Absichten der Schöpfung aufzustellen und die Stufenfolge dieser Absichten zu ermitteln, so daß man niemals im Zweifel darüber sein könne, welche Absicht die vornehmste sei, welche zurücktrete. Das Buch selbst enthält teils eine Gegenüberstellung, teils eine Vereinigung kausaler und teleologischer Schlußreihen, die uns den Geist jener Epoche aufs lebhafteste vor Augen führt. „Man sollte glauben, daß ein Wesen aus einer höheren Welt dies Buch geschrieben habe", sagte ein bewundernder Zeitgenosse.

Die beiden Freunde, die sich in den Briefen Rede und Antwort stehen, vertreten nun nicht etwa der eine den kausalen, eigentlich exakten, der andere den mehr phantastischen, teleologischen Standpunkt, vielmehr wechseln sie beide durchaus ab im Gebrauch der beidartigen Gedankengänge und dokumentieren so die subjektiv gleiche Wertschätzung, die der Verfasser beiden Kategorien zusprach. Die beiden Freunde unterscheiden sich höchstens durch die etwas größere mathematische Ausbildung und Nüchternheit des einen, den lebhafteren Schwung des anderen. Die Charakterisierung ist so gering, daß Lambert hier jedenfalls nicht die Löwenklaue des großen Psychologen und Romanziers gewiesen hat. Charakteristisch — und zwar für den Verfasser selbst charakteristisch — sind nur die Lobsprüche, die er sich in den eigenen Säckel spendet, indem er jeden der beiden Freunde den Scharfsinn und die Tiefe des anderen mit kräftigen Worten unterstreichen läßt. Der Schneiderssohn aus Mühlhausen, der ganz auf eigenen Füßen stehende Autodidakt, der es in jungen Jahren zur Berühmtheit gebracht hatte, der übrigens auch eines der ersten korrespondierenden Mitglieder der Göttinger Gesellschaft der Wissenschaften war, besaß eben ein unerschütterliches, naives Selbstbewußtsein, das wir ihm nicht verargen wollen. Denn es war schließlich nichts anderes, als völlige Objektivität und Aufrichtigkeit gegen sich selbst.

Ich muß hier einen Augenblick innehalten und Sie um Nachsicht bitten, wenn ich diese Betrachtungen nicht geradewegs fortsetze, sondern mehr und mehr in eine andere Richtung einbiege. Wollte ich mich darauf beschränken, die Teleologie in Lamberts Briefen kritisch zu zergliedern, so wissen wir im voraus, daß uns das Gewebe seiner teleologischen Schlüsse gar zu dünn erscheinen wird, und daß wir alles, was gut ist in Lamberts Gedanken über den Mechanismus der Welt, seinem gesunden Sinn, nicht seiner logischen Methode auf Rechnung setzen werden. Auch wollen Sie von von den Astronomen kein Dilettieren über Geschichte philosophischer Anschauungen, sondern Astronomie. Indem ich Ihnen daher von Lamberts Gedankengängen, wie sie in den kosmologischen Briefen niedergelegt sind, erzähle und die Teleologie kritisiere, will ich zugleich schildern, wie sich auf dem weiten von Lambert durchstreiften Gebiete die Kenntnisse bis heute entwickelt haben — auf die Gefahr hin, daß dabei der kaum aufgerufene Name Lamberts Ihnen verklingt unter den lebhaften Stimmen der gegenwärtigen Wissenschaft.

Beginnen wir jedenfalls dem Gedankengang der kosmologischen Briefe zu folgen.

Lamberts oberstes Prinzip ist der erwähnte Satz, daß wir in der vollkommensten aller Welten leben. Zur Vollkommenheit gehört für ihn die Bewohnbarkeit. Die Welt muß daher so dicht als möglich mit Himmelskörpern ausgefüllt sein, um möglichst viel bewohnbaren Platz abzugeben. Eine Grenze für die Ausfüllung wird nur dadurch bestimmt, daß die Körper nicht zusammenstoßen dürfen, weil dadurch das organische Leben ihrer Oberfläche gefährdet würde. Betrachten wir unter diesem Gesichtspunkt das Planetensystem, das Lambert, abgesehen von den äußersten Planeten Uranus und Neptun, ebenso vor sich sah wie wir, so finden wir in Rücksicht auf die Planeten allein eine erschreckende Leere und eine ungeheure Dürftigkeit der Wohnplätze. Der von Planetenmassen erfüllte Raum macht weniger als ein Millionstel eines Millionstels des ganzen Raumes aus, auch wenn wir das System schon in der Entfernung des Saturn abschließen. Hingegen ist vortrefflich gesorgt für die Stabilität der Verhältnisse auf jedem Planeten. Lambert leitet aus seinem Satz von der möglichsten Bewohnbarkeit teleologisch ab, daß die kleinen gegenseitigen Störungen der Planeten nicht zu Zusammenstößen und starken Änderungen ihrer Bahnen führen können. Es erforderte die Arbeit der besten Mathematiker in der Zwischenzeit, die Errichtung des ganzen Gebäudes der Himmelsmechanik, um dasselbe kausal zu beweisen, um als direkte Folge aus dem Gravitationsgesetz abzuleiten, daß die Störungen sich nur sehr langsam summieren und daß wenigstens für viele Millionen Jahre die Veränderlichkeit der Planetenbahnen in enge Grenzen gebannt ist.

Lambert gewinnt nun die erwünschte Raumausfüllung und Bewohnbarkeit auf eine merkwürdige Weise, nämlich mittelst der Kometen. Er nimmt an, daß die Zahl der Kometen mit der 2. Potenz der Entfernung ihrer Perihele zunimmt. Er wählt nicht die dem Wachsen des Raumes entsprechende 3. Potenz, sondern nur die 2., um Platz für die ganzen Bahnen der Kometen zu erhalten, in denen sie ohne Zusammenstöße aneinander vorbei gehen sollen. Indem er von den sechs damals bekannten Kometen zwischen Sonne und Merkur ausgeht, erhält er bis zur Saturnsbahn 3600 und glaubt, daß diese Zahl in Wirklichkeit auf mehrere Millionen zu erhöhen sei. Die Kometen erscheinen ihm daher, gegenüber den wenigen Planeten, als die hauptsächlichsten Träger des Lebens, ja auch der Intelligenz. Denn die Kometen, welche auf ihren langgestreckten Bahnen die wunderbarste Gelegenheit bieten, alle Himmelskörper aus der Nähe zu betrachten, müssen natürlich mit Astronomen bevölkert sein.

Es ist verwunderlich, wie sehr diese Anschauung durch die neueren Forschungsergebnisse widerlegt wird, wie sehr sie aber auch schon durch Betrachtungen umgestürzt wird, zu denen Lambert selbst den Grund gelegt hat in seiner Photometrie.

Wenn so viele Kometen das Planetensystem durchsetzen, so muß deren Masse das Sonnenlicht reflektieren, und mögen wir sie auch so dunkel wie Ackererde voraussetzen, so reflektiert sie immer noch etwa $1/10$ des einfallenden Lichtes. Nun kennen wir aber die Dunkelheit des Nachthimmels. Der metallische Glanz, in welchem in einer sternklaren Nacht der ganze Himmelsgrund leuchtet, hat eine Helligkeit von etwa 10^{-14} der Helligkeit der Sonne. In Wirklichkeit wird dieser Glanz zum größten Teil auf Rechnung der entferntesten Fixsterne zu setzen sein. Denken wir ihn aber durch im Sonnensystem zerstreute Materie erzeugt, so läßt sich ausrechnen, daß die gesamte innerhalb der Erdbahn zerstreute Materie keinesfall mehr als eine Erdmasse betragen kann. Denn eine Masse dieser Größe müßte, wenn sie in größere Stücke geballt wäre, ebenso viele Planeten geben, die unserer Entdeckung nicht hätten entgehen können, bei Verteilung in kleinere Teile müßte sie einen helleren Glanz des Nachthimmels erzeugen, als dieser wirklich zeigt. Zu einem ähnlichen Schluß führt die Gravitationstheorie. Die Planeten folgen so genau den Bahnen, welche ihnen die Gravitationstheorie vorschreibt, daß man ebenso, wie man einmal die fehlende Masse des Neptun aus ihren Störungen berechnete, so jetzt aus dem Fehlen größerer unerklärter Störungen auf das Nichtvorhandensein einer größeren unbekannten Masse schließen kann. Was da noch unstimmig ist, läßt sich nach Seeliger auf die störenden Wirkungen des Zodiakallichtes zurückführen, das die Erde an Masse lange nicht erreicht. Die gesamte innerhalb der Erdbahn zerstreute Masse kann also die Erdmasse nicht übertreffen und es ist keine Rede davon, daß ein Maximum von Raumausfüllung und Bewohnbarkeit in unserm Planetensystem vorhanden ist. Lamberts entgegengesetzes, unrichtiges Ergebnis kommt dadurch zustande, daß er sowohl die Zahl als die Masse der Kometen doch überschätzt; eine Million Kometen zusammengenommen würden schwerlich die Erde an Masse erreichen.

Was Lambert bei der tatsächlichen Einrichtung des Planetensystems durchaus zweckwidrig genannt hätte und was auch uns in einer Anwandlung teleologischen Denkens ängstlich macht und uns in peinlicher Schärfe empfinden läßt, wie begrenzt unser Blick ist, wie weit wir noch von der Erkenntnis des Gedankens, der das Ganze beherrscht, entfernt sein müssen, das ist die namenlose Verschwendung von Sonnenenergie, die bei dieser Leere des Planetensystems stattfindet. Nur ein Millionstel der ganzen Strahlung, die von der Sonne ausgeht, fällt auf Planetenscheiben. Alles übrige wandert in Fernen, die jenseits unserer Erkenntnis liegen, einem unbekannten Ende entgegen.

Lambert unterwirft seiner teleologischen Betrachtungsart schließlich auch noch die regelmäßige Anordnung des Planetensystems. Wenn die Planeten in einer Ebene im gleichen Sinne die Sonne umkreisen, so legt er sich das zurecht als eine Einrichtung, bei welcher die Planeten möglichst wenig mit all den Kometen, die nach seiner Vorstellung den Raum durchschwirren, zusammenstoßen. Man braucht Lamberts Auffassung nur kausal zu wenden, um ein höchst gesundes Erklärungsprinzip für die Entstehung und Entwicklung des Planetensystems zu erhalten.

Wollen Sie diesen Gedanken auffassen, so müssen Sie zunächst eine Reihe von Erinnerungsbildern wegwischen, die Sie vielleicht von Jugend auf mitgenommen und als unveräußerlichen Bestandteil Ihrer allgemeinen Bildung betrachtet haben, nämlich alles, was sich mit dem Namen der Laplaceschen Nebularhypothese verknüpft; der Laplacesche Nebelball und die Plateausche Ölkugel müssen verschwinden und vor allem auch die Ringe, welche sich durch Rotation der Reihe nach von ihnen ablösen und dann, indem sie zerfielen, die Planetenkugel bilden sollten.

Es ist jetzt als durchaus unmöglich erkannt, daß sich die Planeten so einer nach dem anderen von der Sonne abgespalten hätten. Ich darf hier, statt zu rechnen, an die unmittelbare mechanische Empfindung appellieren. Wenn die Sonne $1/300000$ ihrer Masse abgab, um die Erde zu bilden, so konnte das für die Entwicklungsgeschichte des ganzen Restes nicht so wichtig sein, daß nunmehr diese große Masse sich gänzlich beruhigte, um erst viele Millionen Jahre später nach Kontraktion auf $^2/_3$ des Radius wieder ein noch kleineres Körnchen, die Venus, abzuspalten.

Wenn Sie eine vertrauenswürdigere Entwicklungsgeschichte des Planetensystems gewinnen wollen, so müssen Sie in Gedanken den Laplaceschen Gasball durch einen gewaltigen Schwarm von Meteorsteinen ersetzen, der sich über die ganze jetzige Ausdehnung des Planetensystems erstreckte. Die Steine mögen ursprünglich in gänzlich zufälliger Anordnung, ihrer gegenseitigen Anziehung unterworfen, durcheinandergelaufen sein. Dabei war ihr Rotationsmoment nicht Null, sondern hatte eben den Betrag, den heute das Planetensystem besitzt. Die Planeten und die Sonne selbst haben sich dann etwa gleichzeitig — nicht nacheinander, wie bei Laplace — aus ursprünglich kleinen zufälligen Massenanhäufungen gebildet, indem sie die Nachbarschaft an sich zogen. Wir haben einen derartigen Schwarm von Steinen heute noch vor uns im Saturnring und es läßt sich am besten am Saturnring erläutern, in welcher Weise sich in einem derartigen Staubschwarm Ordnung herstellt. Der Saturnring ist außerordentlich dünn gegen seine Breite. Während er vier Erddurchmesser breit ist, hat er nur wenige hundert Kilometer Dicke. Ich behaupte, daß er im Laufe der Zeit noch dünner werden muß. Jeder einzelne Stein umkreist nämlich den Saturn in einer durch den Saturnmittelpunkt gehenden Ebene. Ist er von der Erde aus gesehen zuerst links oben auf dem Ring gewesen, so wird er nach einem halben Umlauf rechts unten stehen, umgekehrt wird, was links unten war, rechts oben hingeraten. Die Masse durchsetzt sich ständig von oben nach unten. Dabei werden Zusammenstöße vorkommen, welche die seitliche Geschwindigkeit dämpfen und mehr und mehr auf eine gemeinsame Rotation in einer einzigen Ebene hinarbeiten. Genau so muß sich auch der solare Metoritenschwarm, indes er sich auf einzelne Zentren sammelte, zugleich in eine Ebene gesetzt haben. Auf entsprechende Weise müssen die Zusammenstöße auch eine Verminderung der Exzentrizitäten der Bahnen herbeigeführt haben, und so wird verständlich, wie die weitgehende, wenn auch nicht durchgreifende Ordnung des Planetensystems entstanden sein mag.

Die kosmogonischen Vorstellungen, die wir so gewonnen haben — im Grunde die alten, nur von mechanischen Unmöglichkeiten befreiten Vorstellungen Kants und zugleich der neuesten „Planetesimalhypothese" von Chamberlin und Moulton nahe verwandt — sind das genaueste logische Analogon zur Entwicklungsgeschichte der Organismen. Die Lebewesen sind nicht zweckmäßig geschaffen, sondern der Kampf ums Dasein sondert die zweckmäßigen aus. Das Planetensystem ist nicht von Hause aus so eingerichtet, daß keine Zusammenstöße vorkommen, sondern die Zusammenstöße selbst haben eine Anordnung hergestellt, in welcher sie ausgeschlossen sind.

Wir kehren zu Lamberts kosmologischen Briefen zurück und folgen ihm über das Planetensystem hinaus zur teleologischen Betrachtung des ganzen Universums, der ganzen sichtbaren Fixsternwelt. Lambert sieht in dunkler Nacht bewundernd den leuchtenden Ring der Milchstraße die Schar der anderen Fixsterne durchziehen. Sind diese zu einer großen Kette geschlossenen hellen Flocken, diese scheinbaren Ansammlungen leuchtender Sternpünktchen in Wirklichkeit enggedrängte Fixsterne? Dies leugnet Lambert, weil jeder dieser Fixsterne, dieser Sonnen, ein System bewohnbarer Planeten um sich haben und möglichst weit von den anderen entfernt sein muß, um ungestörter Entwicklung sicher zu sein. Wenn sich die Fixsterne in der Milchstraße scheinbar zusammendrängen, so liegt das — so sagt Lambert — daran, daß sich hier in Wirklichkeit unser Sternsystem viel weiter erstreckt, als in der dazu senkrechten Richtung, daß sich in Richtung der Milchstraße über einen viel größeren Raum zerstreute Sterne nebeneinander projizieren. Unser Sternsystem ist also nicht eine Kugel, sondern eine flache Scheibe. Wie das Planetensystem, so ist auch das Sternsystem wesentlich in einer Ebene orientiert. Das ist die Anschauung von dem linsenförmigen Fixsternsystem, die auch für uns heute noch fundamental ist und die Lambert durch einen einfachen teleologischen Schluß der Betrachtung des Sternenhimmels entnimmt.

Aber die sichtbare Haufenbildung in der Milchstraße veranlaßt Lambert, dieses Ganze nicht unmittelbar als ein System aufzufassen. Er denkt sich jeden solchen Lichtballen als ein besonderes Sternsystem. Der Haufen, zu dem unsere Sonne gehört, wird aus den hellen uns nächsten Sternen gebildet, welche sich schon dem direkten Anblick des Himmels als etwas von der Milchstraße Verschiedenes zu ergeben scheinen. Alle diese Systeme nenne man Systeme der 3. Ordnung, indem man jeden Planeten mit seinen Monden als ein System 1. Ordnung, die Sonne mit den Planeten als Systeme 2. Ordnung bezeichnet. Die Systeme 3. Ordnung zusammen bilden erst den ganzen sichtbaren Fixsternkomplex, das Milchstraßensystem, der also ein System 4. Ordnung ist. Gebilde, wie der Andromedanebel, mögen in unendlicher Entfernung liegende ähnliche Systeme 4. Ordnung sein, die sich zu einem über unser Erfahrungsbereich bereits hinausgehenden System 5. Ordnung zusammensetzen, und so mögen sich immer wachsende Räder der Weltenuhr in unendlicher Folge aneinanderschließen.

Lambert verlangt in jedem dieser Systeme eine geordnete Bewegung, welche Zusammenstöße ausschließt, und er kann sich dieselbe nicht anders erzeugt denken, als durch die Regierungsgewalt einer jedes System durch ihre überwiegende Masse beherrschenden Zentralsonne, welche die Sterne des Systems in kreisähnlichen Kegelschnitten um sich führt. Die immense Größe, die man den Körpern dieser Zentralsonnen 4., 5. und höherer Ordnung zuschreiben muß, erregt die Phantasie noch mehr, als die Vorstellung der Heereszüge leuchtender Sterne, welche sie umkreisen. Lambert ist kühn genug, das Gebilde seines Geistes sofort an den Himmel zu versetzen. Damals war gerade der Nebel im Orion entdeckt worden. Der Entdecker meinte durch ein Loch in unserer Welt in das feuerglänzende caelum empyreum hineinzusehen. Lambert sieht hier die leuchtenden Flecken auf der Oberfläche der sonst dunklen ersten Zentralsonne, welche den Sternhaufen unserer Sonne beherrscht, und schreibt die Veränderlichkeit des Orionnebels, die den ersten Beobachtern durch atmosphärische Verhältnisse vorgetäuscht war, der Rotation der Zentralsonne zu.

Der grandiose Entwurf Lamberts hat sich in der Masse der Gebildeten außerordentlich wenig festgesetzt, verglichen mit der ebenso unbegründeten Nebularhypothese von Laplace. Die menschliche Engherzigkeit interessiert sich eben weniger für die Ordnung ferner Welten, als für den Ursprung der eigenen, mit der ihr Geschick verknüpft war. Wir haben indessen zu prüfen, wie es mit der wissenschaftlichen Haltbarkeit der Lambertschen Ideen steht.

Wir wissen heute, daß die Fixsterne sich mit einer durchschnittlichen Geschwindigkeit von 30 bis 40 km/sek. gegen den gemeinsamen Schwerpunkt der uns benachbarten Sterngruppe — des nächsthöheren Systems nach Lamberts Vorstellung — bewegen. Denken wir eine Zentralsonne, welche diese fortschreitende Bewegung in eine Kreisbahn zwingt, und versetzen sie in eine Entfernung von 2000 Lichtjahren, den Dimensionen dieses Haufens etwa entsprechend, so müßte sie die Sonne an Masse 130 Mill. mal, an Durchmesser bei gleicher Dichte 500mal übertreffen und würde damit erst $^{1}/_{100}$ Bogensekunde groß erscheinen und im stärksten Fernrohr immer noch punktförmig aussehn. Daher könnte sie, wenn sie nur hinreichend dunkel ist, sich der direkten Beobachtung sehr wohl entziehen.

Die Fixsterne, deren Masse wir bisher aus der Bewegung eines Begleiters feststellen konnten, sind alle merkwürdig gleich. Die 5- und 10-fache Sonnenmasse kommt vor. Fälle, wo sich die 20fache Sonnenmasse ergeben hat, scheinen in ihren Grundlagen noch zweifelhaft. Daraus können wir freilich keinen Analogieschluß auf die Zentralsonne ziehen, weil diese ja grade eine Ausnahme sein soll.

Wir müssen daher aus rein physikalischen Gründen versuchen, etwas über die Möglichkeit großer Weltkörper auszusagen, und haben dabei mit ihrem kleinsten Element, der Möglichkeit des Bestehens von Molekül und Atom, auzufangen. Wir müssen vergleichen, wie sich die im Innern einer wachsenden Masse herrschenden Gravitationskräfte und der von ihnen im Mittelpunkt der Masse erzeugte Druck zu den Kräften verhalten, welche Molekül an Molekül binden oder im Molekül selbst herrschen und seinen Bau aus einzelnen Atomen zusammenhalten. Die Kräfte zwischen den Molekülen, wenn sie so dicht aufeinander gelagert sind, wie in den festen Körpern, lassen sich aus den Kapillarkräften aus dem Widerstand gegen Formänderungen, aus der thermischen Ausdehnung nach den Überlegungen von van der Waals und anderem mehr abschätzen. Es ergibt sich eine Größenordnung entsprechend einem Druck von etwa 10—100000 Atmosphären. Im Erdzentrum herrscht durch das Gewicht der überlagernden Massen (unter Annahme einer homogenen Erde gerechnet) ein Druck von 5 Millionen Atmosphären. Dieser Druck würde also zweifellos die Struktur aller festen Körper durchbrechen können, die Kräfte zwischen den Molekülen kommen für ihn nicht in Betracht. Von ähnlicher

Größenordnung, wie die Kräfte zwischen den Molekülen, sind die zwischen den Atomen im Molekül, wie sich aus der Wärmetönung der Verbindungen ergibt.

Eine andere Größenordnung der Kräfte treffen wir erst an, wenn wir in das Atom selbst hineingehen und nach den Bindungen fragen, die den Bau des Atoms aufrecht erhalten. So neu und wenig geklärt unsere Kenntnisse darüber sind, so haben wir doch über die Größenordnung der hier wirkenden Kräfte einen gewissen Anhalt. Es ist jedenfalls anzunehmen, daß es sich um elektrische Kräfte zwischen den Elektronen handelt, die das Atom aufbauen. Die Ladung des Elektrons ist wohlbekannt. Die Kraft ist also mit der Entfernung gegeben. Hat das Atom 10^{-8} cm Durchmesser und kommen auf das Atom 1000 Elektronen, so wird ihr durchschnittlicher Abstand 10^{-9} cm. Die entsprechenden Druckkräfte betragen 100000 Millionen Atmosphären. Das Atom bleibt also sicherlich auch im Zentrum der Erde unerschüttert. Wie groß muß man einen Körper nehmen, damit der zentrale Druck mit den intraatomistischen Kräften vergleichbar wird? — Der Druck im Zentrum einer Kugel ist proportional dem Quadrat ihres Radius und dem Quadrat ihrer Dichte. Im Planetensystem variiert dieser Druck verhältnismäßig wenig, da die großen Planeten gerade geringe Dichte haben. Für Jupiter ist er nur 7mal größer als für die Erde, für die Sonne steigt er allerdings auf das 700 fache, also auf 3500 Millionen Atmosphären an, aber auch hier würden die Atome wohl noch Stand halten. Die Grenze von 100000 Atmosphären würde für einen Körper von derselben Dichte wie die Sonne bei einem 5 mal größeren Radius, 150mal größerer Masse erreicht. In diesem Falle würden also am Ende auch die Atome im Zentrum der Masse zerquetscht werden.

Es mag daher oberhalb der Massen und Dichten, welche wir bei den bisher untersuchten Fixsternen antreffen, etwas Neues beginnen. Hält man die eben ausgeführte Abschätzung zusammen mit den Beobachtungsresultaten, so kommt man zu der Vermutung, daß dies Neue nichts anderes ist, als die Unmöglichkeit größerer Massenansammlungen von einiger Dichte. Es gibt vielleicht eine natürliche obere Grenze für dichte Sternmassen. Soll sie überschritten werden, so muß eine Ausdehnung, eine Verminderung der Dichte eintreten. Noch größere Massen mögen als Nebel, nicht mehr als Sterne erscheinen. Die Lambertsche Zentralsonne von 130 Millionen Sonnenmassen würde nun bei der Dichte unserer Sonne weit oberhalb jener Grenze liegen. Man müßte ihre Dichte auf $1/28000$ verkleinern, um den Mittelpunktsdruck unter die kritische Grenze herunterzubringen. Dann müßte sie aber $1/4''$ scheinbaren Durchmesser zeigen und hätte sich der Entdeckung wohl schwerlich entziehen können. Man kann freilich hiergegen wieder einwenden, daß sie beliebig dunkel sein kann und sich dabei auf Erfahrungen an anderen Fixsternen berufen. Der Begleiter des Procyon hat dieselbe Masse wie die Sonne, leuchtet aber dabei 10000 mal weniger, er befindet sich, wie auch seine Farbe verrät, in der ersten Rotglut. Doch wird es wenig plausibel erscheinen, daß die Lambertsche Masse bei ihrem ungeheuren Energiegehalt, bei der aufgezwungenen Radioaktivität, zu welcher die Gravitation in ihrem Zentrum die Atome nötigen könnte, ihre Temperatur so niedrig halten sollte.

Wie willkürlich auch solche Überlegungen sein mögen, es erhellt aus ihnen erst so recht die ganze Absonderlichkeit der Lambertschen Zentralsonnen, und wir werden einstweilen um so lieber darauf verzichten, diese phantastischen Ungeheuer in unsern Raum zu setzen, als der Zweck, den Lambert erreichen wollte, sich auch ohne sie erreichen läßt. Lambert verlangte Zentralsonnen, weil er sonst nicht diejenige Ordnung in die Bewegung des Sternsystems bringen zu können glaubte, welche zu einer Sicherung der Bewohnbarkeit nötig schien. Die mathematische Analyse hat inzwischen aber gezeigt, daß auch in einem republikanischen Sternenverbande Ordnung herrschen kann. In einem kugelförmigen oder ellipsoidischen Sternhaufen können infolge der Anziehung aller Sterne auf alle die einzelnen Sterne Kurven um die Mitte des Systems beschreiben, ähnlich als ob dort eine Zentralsonne regierte. Es lag nahe, ein Lambertsches System ohne Zentralsonne auf dieser Erkenntnis aufzubauen. Mädler hat das in Arbeiten aus den 50er Jahren des letzten Jahrhunderts versucht. Wenn er die Alcyone, den hellsten Stern der Plejaden, als Zentralsonne bezeichnete, so meinte er damit nur, daß Alcyone dem Gravitationsmittelpunkt des ganzen Systems am nächsten stehe, nicht daß sie durch ihre Masse das System beherrsche. Mädlers Untersuchungen haben die Anerkennung des Astronomen nicht gefunden. Vielmehr ging die Entwicklung nach einer ganz anderen Richtung; je mehr man die Bewegungen der Sterne kennen lernte, um so mehr schien sich jede Gesetzmäßigkeit zu verflüchtigen. Die Astronomen haben schließlich aufgehört, hier nach Harmonie zu suchen und haben statt der Ordnung die absolute Unordnung als Leitprinzip statuiert. Fast alle Arbeiten der letzten Jahrzehnte über das Fixternsystem ruhen auf dem Satz, daß in jedem Teile des Raumes eine Richtung der Sternbewegung ebenso wahrscheinlich ist, im Durchschnitt ebensooft vorkommt, wie jede andere. Man pflege sich in dieser ganzen Zeit die Sterne vorzustellen, wie die Moleküle eines Gases, die rein zufällig durcheinander schwirren. Übrigens — so sehr man damit dem Begriff des Kosmos, des Wohlgeordneten, ins Gesicht schlägt — auch in einer solchen Anschauung steckt Philosophie. Wir Menschen werden nicht annehmen wollen, daß die Bedeutung, der innere Wert irgendwelchen Geschehnisses von der absoluten Größe der Dinge, die es betrifft, abhängt. Diese Auffassung würde uns erdrücken. Wenn aber die absolute Größe gleichgültig ist, so besteht auch kein Unterschied zwischen Molekülen und Sternen. Sehe ich die Bewegung der Luftmoleküle in jedem Kubikzentimeter dieses Saales als gleichgültig und zwecklos an, so darf ich ebensogut die der Sterne im Weltall für rein zufällig halten.

Im Hinblick auf die Kritik der Lambertschen Teleologie muß hinzugefügt werden, daß die Bewohnbarkeit durch diese Unordnung nicht beeinträchtigt wird. Fliegt die Sonne mit ihrer tatsächlichen Geschwindigkeit geradeaus, so gelangt sie in 10 Millionen Jahren im Sternbilde der Leyer zwischen Sterne an, die uns von ihrem jetzigen Standpunkte noch im Schleier der Milchstraße verschwimmen; vor 10 Millionen Jahren, also zu einer Zeit, wo der Colorado vermutlich schon sein Cañon in den pliozänen Kalk zu nagen begann, befand sie sich in der entgegengesetzten Partie der Milchstraße. Indessen stehen die Sterne so weit getrennt voneinander, daß sie auf diesem ganzen Wege voraussichtlich keinem Stern merklich näherkommt. Sie wird, wie man in Analogie zu den Formeln der Gastheorie ausrechnet, nur alle 10^{14} Jahre einer andern Sonne auf Jupitersweite begegnen und damit das organische Leben ihrer Planeten vernichtet sehen. 10^{14} Jahre sind die 100 000 fache Wiederholung der 1000 Millionen Jahre, welche die Paläontologen von der Astronomie für die Entwicklung des Lebens bewilligt haben wollen. Trotz aller Unordnung im großen würde also für das einzelne Molekül des Weltgases und für jedes seiner Erdenatome eine kolossale freie Wegzeit, eine gewaltige Spanne ungehörter Entwicklungsmöglichkeit bestehn, und was für unsere Erde gilt, das wird auch für tausend andere Fixsterntrabanten gelten. Zum erstenmal erfährt nun also auch auf der Basis unserer jetzigen Kenntnisse Lamberts Wunsch nach Bewohnbarkeit eine schwache Erfüllung. Aber ich darf nicht verschweigen, daß auch hiergegen sich kürzlich eine gewichtige Stimme erhoben hat. A. R. Wallace, der Mitbegründer der Entwicklungslehre, hat in einem umfangreichen Buche ausgeführt, innerhalb des ganzen uns bekannten Universums sei nur der Erde durch eine unerhört günstige Fügung, durch geeignete Stellung der Sonne im Weltall, der Erde im Planetensystem usw. eine so ungestörte Ruhe beschieden gewesen, daß die Entwicklung des Protoplasmas bis zum bewußten Menschen fortschreiten konnte. Der Zufall soll nach Wallace die Erde auf den Thron zurückführen, von dem sie der Unglaube verstoßen hat. Doch sind die Schlüsse von Wallace nicht zwingend. Wallace hat die freie Wegzeit zu gering geschätzt und tausend Dinge für zufällig verbunden erklärt, die in der Entwicklung einer Erde notwendig verknüpft sein können. Es bleibt uns daher unverboten, an eine vielfache Wiederholung von Erdenleid und -lust auf den Planeten anderer Sonnen zu glauben.

Wir haben Lamberts Weltgebäude bis an seine Grenzen mit ihm durchzogen und können das Ergebnis in Kürze zusammenfassen. Erhalten bleibt der Gedanke, die Zusammenstöße für die Kosmogonie des Planetensystems zu verwerten und außerdem die Vorstellung der linsenförmigen, einer Ebene angeschmiegten Struktur des Fixsternsystems. Was die Konstruktion der Weltenuhr mit ihren Zentralsonnen angeht, so sei nicht nochmals kritisiert, sondern an Humboldts Wort erinnert, das die physische Weltbeschreibung, wenn sie von den fernsten Nebelflecken anhebt, mit dem mythischen Teile der Weltgeschichte zu vergleichen sei. Es ist ein schöner kosmologischer Mythus, den Lambert gedichtet hat.

Am schlimmsten ist es, wie wir voraussahen, der Teleologie ergangen, von dem Prinzip der maximalen Bewohnbarkeit ist wenig übriggeblieben. Aber ich möchte zum Schluß betonen, daß die Teleologie noch nicht ganz tot ist. In einer weniger krassen Form ist sie auch in den exaktesten Astronomen noch lebendig und, was die Hauptsache ist, sie ist noch immer nützlich. Lassen Sie uns einmal statt der Bewohnbarkeit die zeitliche Stabilität der Formen, die Erhaltung nicht des Menschengeschlechts, sondern der Anordnung des ganzen sichtbaren Universums zum Prinzip erheben. Dann zwingt uns ein teleologischer Schluß, uns nicht bei der Vorstellung des großen Weltgases zu beruhigen, sondern in den Bewegungen der Fixsterne ein Gesetz von ganz bestimmter spezieller Art zu suchen. Wir dürfen dann nämlich nicht glauben, daß die Milchstraße ein vorübergehendes Phänomen ist und daß wir zufällig in diejenige Jahrmillion hineingeboren sind, in welcher sich gerade die Sterne zu einem Ring oder einer Linse zusammengefunden haben, sondern müssen voraussetzen, daß die Anordnung der Fixsterne in einem einigermaßen flachen, ebenen Gebilde auch für kosmische Zeiten standhält. Dann ist es aber ausgeschlossen, daß die Sterne sich nach allen möglichen Richtungen gleichhäufig bewegen. Denn so würde die Milchstraße innerhalb der 100 Millionen Jahre, in welcher die Sonne ihren Durchmesser zurücklegt, ihre abgeplattete Gestalt fast ganz verloren haben. Wir müssen also annehmen, daß die Fixsterne, ähnlich wie die Planeten, sich von Hause aus mehr oder weniger parallel der Ebene der Milchstraße bewegen und durch die Gravitation des Ganzen immer in diese Ebene zurückgelenkt werden.

Was wir aber so um unseres Prinzips, um der Ordnung des Kosmos willen wünschen möchten, das ist Wirklichkeit. Die Bewegungen der Fixsterne sind tatsächlich vorwiegend parallel der Milchstraße gerichtet. Diese Entdeckung scheint mir einen der wesentlichsten Fortschritte zu bilden, die der astronomischen Forschung während der letzten Jahre geglückt sind. Daß sie trotz des gewaltigen Materials von Fixsternbeobachtungen erst so spät gelang, liegt darin, daß man, wo man überhaupt das Bild des Gases verließ, meist die Analogie mit dem Planetensystem zu weit trieb. Man suchte z. B. unter den Fixsternen eine gemeinsame Rotation, dachte sich die Milchstraße wie ein großes Rad, das sich langsam drehte. So liegt die Sache nicht. Die Fixsterne laufen zum Teil vorwärts, zum Teil rückwärts, sie laufen nur mehr oder weniger der Milchstraßenebene parallel. Daß diese neue Wahrheit noch so wenig aufgefaßt und bekannt ist, ist zum Teil Schuld der Forscher, die die Fixsternbewegungen diskutiert haben. Sie sprechen mehr von den noch nicht ganz geklärten spezielleren Vorstellungen, die sie sich über die Anordnung der Bewegungen gebildet haben, und betonen nicht diesen Hauptsatz, welcher das sichere gemeinsame Resultat ihrer Arbeiten darstellt.

So herrscht hier mehr Ordnung, als man noch vor wenigen Jahren zu ahnen wagte; wie durch sich lösende Nebel leuchten die Umrisse einer ungeheuren organischen Form hervor. Wir hoffen sie mehr und mehr zu entschleiern und auch für jene Tiefen der Welt an Stelle des Mythus die Erkenntnis zu setzen.

III. Über das System der Fixsterne.[1]

I.

Wer den Himmel ein wenig zu beobachten gewohnt ist, dem prägen sich gewisse Richtungen ein, die durch die reguläre Anordnung des Planetensystems bedingt sind, — der richtet den Blick hinauf zum Himmelspol, welcher die Erdachse andeutet, beobachtet die Gestirne auf ihrem ständigen Gange von Ost nach West und sieht, wie sich Sonne, Mond und Planeten stets in der Nähe des Himmelsäquators in der Ost-Westebene bewegen. Durch diesen Reigen der Planeten hindurch zieht sich der leuchtende Kranz der Milchstraße. Als ob man Licht und Schatten auf den Blättern des Kranzes wechseln sähe, so sind helleuchtende Flecken und dunkle Stellen nebeneinander gestreut. Die schönsten Sterne des Himmels besetzen diesen Kranz oder hängen wie schimmernde Beeren an hervorragenden Zweigen. Aber was den nicht nur ästhetisch, sondern auch geometrisch empfindenden Beobachter nicht weniger in Erstaunen setzt als die Existenz und seltsame Konstitution dieses den Himmel umschließenden Bandes leuchtender Wolken, das ist die merkwürdige, aller sonstigen Regel widersprechende Orientierung des ganzen Milchstraßenrings. Die Milchstraße kümmert sich nicht um die allgemeine Ost-Westbewegung im Planetensystem, sie steigt steil auf gegen den Äquator, streift im W der Kassiopeia den Nordpol und senkt sich dicht zum Südpol hinab. Schon diese eigentümliche Lage der Milchstraße deutet an, daß wir es hier mit etwas im höchsten Sinne Überirdischem, über die Grenzen unseres in der Ost-Westrichtung orientierten Planetensystems Hinausgehendem zu tun haben. Wer für Richtungen sensibel ist, dem kann es sein, wie wenn hier ein verzaubertes Pendel, statt zur Vertikalen zurückzukehren, in schrägem Ausschlag stehen bliebe. Wie ein Geisterfinger ragt das Phänomen der Milchstraße in unseren engeren Vorstellungskreis hinein und weist wiederum hinaus auf eine höhere Ordnung, die im Fixsternsystem walten muß.

Daß das anscheinende Chaos der glitzernden Sterne sich in Ordnung lösen muß, diese Behauptung wird, so hoffe ich, durch die Tatsachen, von denen ich zu berichten habe, über den Rang einer leeren Alltagsweisheit emporgehoben werden. Welches diese Ordnung ist, auch darüber lassen sich gewisse Angaben machen, die gegenwärtig allgemein angenommen sind und sozusagen den Rahmen der zukünftigen Forschung bilden werden. Diese feststehenden Dinge möchte ich Ihnen kurz vor Augen führen. Als meine eigentliche Aufgabe sehe ich es aber an, von den Bemühungen der Astronomen zu erzählen, den großen Rahmen mit lebendigen Farben auszufüllen. Sind es auch noch lauter skizzenhafte Striche

---

[1] Aus „Himmel und Erde" Bd. XXI. Nach einem Vortrag im „Wissenschaftlichen Verein" zu Berlin vom 16. Dez. 1908.

und Farbenkleckse, so mag gerade das Unbestimmte, Halbsichtbare, Halbverschleierte, wenn es den Verstand beleidigt, das Gemüt zu um so ahnungsvolleren Erwartungen anregen.

Ein kurzer Überblick soll uns das äußere Gewand zeigen, in das sich unser Rätsel kleidet.

Betrachten wir die Milchstraße zu Beginn der Dunkelheit, so sehen wir sie gerade im Zenit durch das W der Kassiopeia gehen. Nach Westen zu, im Schwan, beginnt sie sich zu teilen. Hier liegt bei dem Sterne Deneb eine auffallende dunkle Höhle, die wie ein Loch in dem leuchtenden Bande aussieht. Die glänzendsten Sterne stehen deutlich in der Nachbarschaft der Milchstraße. Wir

Fig. 1. Milchstraße bei ϱ Ophiuchi.
(Aufnahme der Yerkes-Sternwarte.)

finden in dem östlichen Arm die Wega in der Leier, in dem westlichen den Adler mit dem leuchtenden Atair. Wer in Italien war, hat beobachten können, wie die Milchstraße in hellen Wolken, am Antares im Sternbilde des Skorpion vorbei, nach Süden zieht. Dicht beim Südpol, im Sternbilde des südlichen Kreuzes vereinigen sich die beiden Arme, die sich im Schwan getrennt hatten. In einheitlichem Zuge steigt sie nun wieder hinauf vom Südpol, wird uns, wenn wir jetzt um Mitternacht beobachten, im Osten des Sirius wieder sichtbar und durchzieht auf dem Rückzuge zur Kassiopeia die große Gruppe von Sternen erster Größe, die den Glanz unserer Winternächte bildet. An ihrem Ostrande liegen der kleine Hund mit Prokyon, die Zwillinge Kastor und Pollux, der Fuhrmann mit Kapella. Westlich liegen der Orion mit der rötlichen Beteigeuze und dem weißen Rigel, dann der weiterstreute Sternhaufen der Hyaden und die enggedrängte Gruppe der Plejaden.

Wenn man die Milchstraße im Fernrohr beobachtet oder photographiert, so erweist sie sich aus unzählig vielen Sternen zusammengesetzt, die in der merkwürdigsten Weise bald zu Flocken gehäuft sind, bald dunkle Risse zwischen sich lassen. An einzelnen Stellen tritt ein kontinuierlicher Lichtschein auf. Dieser ist nicht, wie man zuerst vermuten möchte, durch äußerste Zusammendrängung zahlloser Sternchen bewirkt: wie Prof. Wolf[1]) kürzlich auch für diese ganz zarten Gebilde durch das Spektroskop nachweisen konnte, sind das wirkliche Gasmassen, die sich zwischen den Sternen ausbreiten. In Fig. 1 sehen Sie eine von solchem Nebel erfüllte Stelle der Milchstraße im Sternbild des Ophiuchus. Das Auffällige der Erscheinung ist, daß um diese Nebel herum ausgeprägt dunkle Stellen, Sternleeren, sind, als ob die Nebel weitergewandert wären und

---

1) M. Wolf, Astron. Nachrichten, Bd. 178, S. 379.

im Wandern einen die Sterne verhüllenden Schleier hinter sich gelassen hätten.

Es liegt ein höchst suggestiver Reiz in all dem wechselnden Detail, den Furchen und Löchern, in der ganzen bunten Draperie der Milchstraße. Um aber in der Erkenntnis weiterzukommen, muß man das Detail verwischen, die wallenden Schleier zu einem gleichförmigen, kontinuierlichen Lichtband ausbreiten und zunächst nur das Typische der Erscheinung, den einen geschlossenen, den Himmel umsäumenden Ring, sich vor Augen halten.

Die Astronomen haben allgemein die Verteilung der Sterne in bezug auf die Milchstraße untersucht. Dabei hat sich sofort ein viel weitergreifender Einfluß der Milchstraße auf die Anordnung der Sterne gezeigt, als ihn das immerhin verhältnismäßig schmale, dem Auge sichtbare Band andeutet. Es gilt allgemein, daß die weit von der Milchstraße entfernt liegenden Gebiete des Himmels arm an Sternen sind, und daß die Sternfülle mit der Annäherung an die Milchstraße ständig zunimmt, auch da, wo sich der Sternschimmer unserem Auge noch längst nicht zu einem kontinuierlichen verdichtet. Die großen Flocken der Milchstraße sind nur die Kulmination dieses allmählichen Ansteigens. **Die Milchstraße ist für die Anordnung der Sterne nicht von lokaler, sondern von universaler Bedeutung.**

Wir wollen auf die beherrschende Stellung der Milchstraße dadurch Rücksicht nehmen, daß wir uns den Ring der Milchstraße von jetzt ab immer horizontal ausgebreitet denken. Die Bahnen der Planeten, die man gewöhnlich horizontal auf das Papier zeichnet, steigen dann unter einem Winkel von 60 Grad an, und die Erdachse, die man sich gewöhnlich senkrecht denkt, wird ziemlich horizontal zu liegen kommen; aber es darf uns nicht stören, wenn wir für das Planetensystem auf ungewohnte Vorstellungen kommen, denn es handelt sich hier darum, die Auffassung des Fixsternsystems möglichst zu erleichtern.

Die Tatsache, daß die Milchstraße die ganze Anordnung der Sterne beherrscht, zeigt von vornherein, daß unsere Sternenwelt etwas Einheitliches ist, daß sie zusammengehört. Es ist durch scharfe numerische Erfassung der oben qualitativ geschilderten Verhältnisse, durch Abzählen der Sterne verschiedener Helligkeit gelungen, diese allgemeine Anschauung in eine präzise Form zu fassen. In der letzten Gestalt, welche diese Forschungen durch Seeliger[1]) erhalten haben, lautet das Ergebnis: Überhaupt alle uns als einzelne Punkte sichtbaren Sterne bilden zusammen das einheitliche Milchstraßensystem. Die Gestalt dieses Systems ist die einer runden flachen Linse, oder auch eines Raumes, wie er von zwei mit den Rändern aufeinandergelegten Suppentellern eingeschlossen wird. Der horizontale Durchmesser dieser Linse, in dessen Richtung wir uns ja nach Verabredung immer die Milchstraße denken wollen, ist etwa doppelt so groß als der vertikale. Die Sterne erfüllen diesen ellipsoidischen Raum

---

[1]) H. Seeliger, Untersuchungen über die räumliche Verteilung der Sterne. Abhandl. der Münchner Akad. d. Wissenschaften. Mathem. Physikalische Klasse. Bd. 19.

nicht in konstanter Dichte, sondern drängen sich nach der Mittelebene, der Milchstraßenebene, und nach dem Zentrum des Systems, von dem wir uns nicht allzuweit entfernt befinden, zusammen. Die Anreicherung der Sterne, die wir am Himmel nach der Milchstraße zu gewahren, ist also zum Teil eine scheinbare und dadurch hervorgerufen, daß wir in Richtung der Milchstraße durch eine längere mit Sternen besetzte Strecke hindurchsehen.

Das Wunderbarste an dieser Vorstellung ist, daß die Milchstraße das ganze Heer der sichtbaren Sterne in einen endlichen, begrenzten Bezirk einschließt. Man kann auch die Größe dieses Bezirkes einigermaßen abschätzen. Das Licht durchläuft seinen Längsdurchmesser in etwa 20000 und seinen Querdurchmesser in etwa 10000 Jahren. Das ganze System ruht abgeschlossen im leeren Raume, und nur in Entfernungen, die groß sind gegen die Dimensionen des Systems selbst, mögen sich wieder neue Sternensysteme zu neuen Milchstraßen zusammenballen.

Die Erkenntnis von der Endlichkeit und Abgeschlossenheit des ganzen Systems der sichtbaren Sterne ist fundamental und bedeutet den Abschluß einer Epoche. Aber sie ist eben doch nur der Rahmen für die weitere Forschung, von dem ich sprach. Es sind gewissermaßen nur die Zollgrenzen unseres Gebietes abgesteckt. Wir wissen nicht, ob das nur eine räumliche Einheit ist oder eine organische, und, wenn es eine organische ist, ob die Sterne sich gleichen wie die Ameisen eines Ameisenhaufens, oder ob sie etwa an Formenreichtum mit der ganzen Entwicklungslinie von der Amöbe bis zum Menschen zu vergleichen sind. Wir verlangen nach einer lebendigeren Ausfüllung des großen Schemas von der ellipsoidischen Sternschar, und ich komme nun an die eigentliche Aufgabe, Ihnen auseinanderzusetzen, welche Erkenntnisse in dieser Hinsicht die neuere Astronomie gezeitigt hat. Die räumliche Einheit des Sternsystems betrachten wir also als festgestellt, wir fragen weiter nach seiner organischen Einheit.

Bevor wir an die Arbeit gehen, muß ich Sie noch durch einen Vergleich auf die unheimliche Natur dieser Aufgabe aufmerksam machen.

Sie wissen, daß die Millionen Fixsterne Sonnen sind, ähnlich wie unsere Sonne, die den 100fachen Durchmesser der Erde hat. Wir wollen die Welt mit einem überirdischen Auge betrachten, dem eine Million Kilometer so groß erscheint wie uns ein Millimeter. Dann sind die Fixsterne lauter Kugeln von 1 mm Durchmesser, Stecknadelknöpfe. Die Distanz, in der sich diese Stecknadelknöpfe befinden, beträgt durchschnittlich 100 km. Wenn wir also von der Einheit des Sternsystems sprechen, so sprechen wir von der Zusammengehörigkeit von Stecknadelknöpfen, die sich 100 km weit voneinander im Raum befinden. Das ist eine ganz gewaltige Trennung. Die Materie ist so dünn verteilt, wie wenn man einen einzigen Liter Wasser durch die ganze Erde versprengte. So wenig wir die Existenz von Wasser ahnen würden, wenn nur ein durch die Erde versprengter Liter vorhanden wäre, so wenig wüßten wir etwas von den Sternen, falls nicht zu ihrer ungeheuren Entfernung und Seltenheit etwas ebenso Wunderbares hinzukäme: die fast absolute Leerheit der Zwischenräume. Die leuchtenden

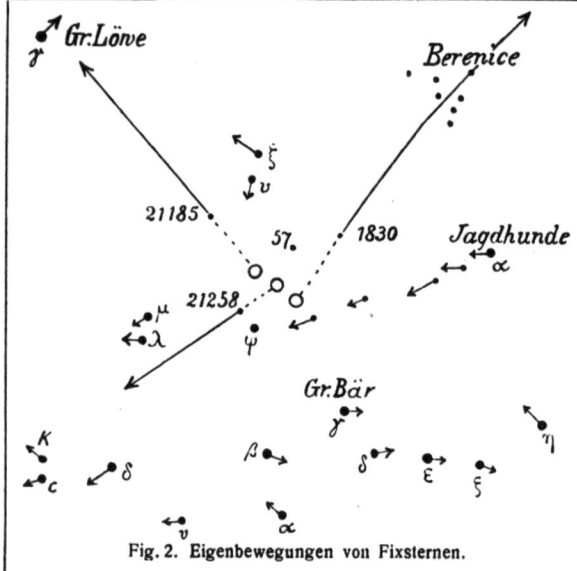
Fig. 2. Eigenbewegungen von Fixsternen.

Stecknadelknöpfe stehen in einem fast völlig staubfreien Raum. Nur dadurch wird es möglich, daß uns die Lichtstrahlen von den Sternen unverfälschte Kunde bringen, und daß überhaupt das Problem vorliegt, zwischen 100 km weit entfernten Stecknadelknöpfen nach einem organischen Zusammenhang zu suchen.

Wir wollen damit beginnen, die Bewegungen der Sterne zu studieren. Es ist bekannt, daß auch die Fixsterne nicht feststehen, sondern eine langsame Verschiebung am Himmelsgewölbe erleiden. Fig. 2 zeigt Ihnen, wie sich in 10000 Jahren die Sterne des großen Bären verschieben. Sie sehen, daß das Sternbild noch als solches erkennbar sein würde (die mit angezeichneten schwächeren Sterne sind Ausnahmen, Schnellläufer). Im allgemeinen sind die Verschiebungen so klein, daß die Sternbilder auch schon vor 10000 Jahren ungefähr ihr jetziges Aussehen haben mußten, und daß daher in ihren Verschiebungen keine Hinderung liegt, den ersten Ursprung der Namengebung der Gestirne in prähistorische Zeiten zurückzuverlegen.

Offenbaren sich irgendwelche Regelmäßigkeiten in den Eigenbewegungen der Fixsterne? Es ist zu bemerken, daß die Fig. 2 die Bewegung im allgemeinen nach links geht, und daß einige merkwürdig parallele Bewegungen auftreten, aber ich möchte Ihnen zunächst an eklatanteren Fällen eine Gesetzmäßigkeit der Bewegungen zeigen. Die Sterne jenes Sternhäufchens der Plejaden, von denen wir sprachen, bewegen sich seit 100 Jahren in einer Richtung gemeinsam weiter, so daß trotz merklicher Verschiebung der ganzen Gruppe am Himmel die Anordnung der Sterne in der Gruppe absolut unverändert geblieben ist, also ein höchst absonderlicher Fall gemeinsamer Bewegung. Aber Sie werden einwenden, daß dies ein Ausnahmefall ist, daß bei einer räumlich so dicht gedrängten Gruppe von Sternen ein organischer Zusammenhang nicht allzu überraschend ist. Nehmen wir ein zweites Beispiel. Sie erinnern sich an die Gruppe der Hyaden, die schon kaum mehr ein Sternhaufen zu nennen ist, da sie sich über viele Grade am Himmelsgewölbe erstreckt. Herr Lewis Boss[1]) hat die Bewegungen dieser Sterne studiert und folgendes Bild (Fig. 3) gefunden: die Pfeile, welche die Bewegungen in 10000 Jahren andeuten, sind nicht parallel, aber sie konvergieren nach einem

---

1) Lewis Boss. Astronomical Journal vol. 26. 1908.

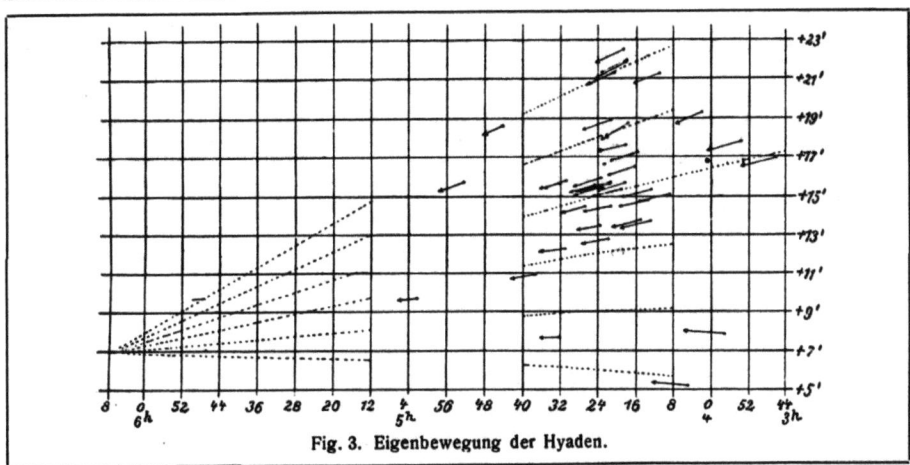

Fig. 3. Eigenbewegung der Hyaden.

Punkte. Was bedeutet dies? Es heißt, daß die Bewegungen nichtsdestoweniger im Raume parallel sind, nur daß sie nicht quer zu unserer Blickrichtung verlaufen, sondern daß die ganze Bewegung in die Himmelstiefe hinein gerichtet ist. Der Konvergenzpunkt ist der scheinbare perspektivische Fluchtpunkt dieser Bewegungen, in welchem sie zusammenzulaufen scheinen, genau wie zwei parallele Hauskanten auf einer perspektivischen Zeichnung. Auch hier könnte man noch immer den Einwand erheben, daß dies eine dicht gedrängte Gruppe von Sternen sei, die nur durch größere Nachbarschaft zu unserer Sonne scheinbar ein größeres Gebiet des Himmels einnähme. Aber die besondere Eigentümlichkeit unseres Falles verhilft zu einer direkten Bestimmung der Entfernung, die diesen Einwand widerlegt und um so bemerkenswerter ist, als dies die größte Entfernung ist, die im Weltraum bisher mit numerischer Sicherheit festgelegt worden ist. Wir wissen aus der Lage des Konvergenzpunktes in Fig. 3, unter welchem Winkel die Bewegung der Hyaden schräg gegen unsere Blickrichtung erfolgt. Die Bewegung läßt sich hiernach aus zwei Komponenten zusammensetzen, einer quer am Himmel und einer etwa doppelt so großen senkrecht in den Himmel hinein gerichteten. Erstere Komponente ist diejenige, die wir wahrnehmen, und von der wir beobachten, daß sie im Jahrhundert 11 Bogensekunden ausmacht. Wir können aber auch die andere, in den Himmel hinein gerichtete Bewegung feststellen. Die spektroskopische Beobachtung gibt uns vermöge des sog. Dopplerschen Prinzips direkten Aufschluß über die Geschwindigkeit, mit der ein Stern sich uns nähert oder von uns entfernt, und zwar ergibt sich für die Hyadensterne, daß diese sich mit einer Geschwindigkeit von 40 km in der Sekunde von uns entfernen. Ist also die Bewegung in die Tiefe gleich 40 km in der Sekunde, so muß die seitliche Bewegung 20 km in der Sekunde betragen, da beide Komponenten, wie gerade erwähnt, im Verhältnis 1 : 2 stehen, und nun haben wir folgende Beziehung: die seitliche Bewegung der Hyaden beträgt 20 km in der Sekunde, das macht auf 3100 Millionen Sekunden eines Jahrhunderts 62 Milliarden km. Die Hyaden müssen so weit entfernt sein, daß diese Strecke unter einem Winkel von 11 Sekunden erscheint. Das gibt eine Entfernung der Hyaden, welche das Licht in 120 Jahren zurücklegt.[1]) Damit ist die Frage der Entfernung erledigt. Rechnen wir jetzt die gegenseitigen Distanzen der Hyadensterne aus, so finden wir, daß die Hyadensterne ein wenig dichter stehen als die Sterne unserer Umgebung. Reduzieren wir sie wieder auf Stecknadelknöpfe, so wird ihre Entfernung etwa 30 km. Es ist also nachgewiesen, daß sich 40 Stecknadelknöpfe, die sich in Abständen von 30 km befinden, in einem geheimnisvollen Zusammenhang gemeinsam gleichförmig durch den Raum bewegen. In diesem gemeinsamen stillen Wandern der Sterne fühlt man, so scheint mir, aufs eindringlichste das höhere Prinzip, das sie beherrscht, so schwer es ist, dasselbe in eine präzise Vorstellung zu fassen. Man möchte sich am liebsten denken, daß die Sterne gemeinsam losgeschossen sind, der Explosion eines großen Zentralkörpers ihren Ursprung verdanken. Diese Explosion müßte aber den Sternen eine große Anfangsgeschwindigkeit erteilt haben, um sie ihrer gegenseitigen Gravitation zu entreißen, und es wäre ein merkwürdiger Zufall, wenn die Anfangsgeschwindigkeit genau ausgereicht hätte, um die Sterne bis zu ihren jetzigen relativen Ruhelagen zu führen. Viel wahrscheinlicher wäre es bei dieser Hypothese, daß das System auch jetzt noch expandierte, was nicht der Fall zu sein scheint. Man wird daher vorziehen, den Ursprung des Systems aus einem großen Urnebel anzunehmen, der sich anfänglich über die ganze Ausdehnung des jetzigen Systems erstreckte und Teile seiner Masse — jeden Teil an seinem Ort — in die jetzigen Sterne konzentrierte.

Noch ein drittes solches Sternsystem wird von jenen fünf Sternen des großen Bären gebildet, deren Bewegungen in Fig. 2 nach rechts gerichtet sind.[2])

Wenn wir versuchen, von Einzelresultaten, die sich immer nur auf Gruppen von wenigen Sternen beziehen, zu Ergebnissen für die Gesamtheit der Sterne überzugehen, so sieht das Unternehmen zunächst ziemlich hoffnungslos aus. Die Pfeile der Eigenbewegungen, wenn man das Bild irgendeiner Himmelsgegend entwirft, gehen wild durcheinander. Erst eindringenderer Betrachtung offenbaren sich gewisse Durchschnittsgesetzmäßigkeiten. Man beobachtet, daß die Sterne im allgemeinen von dem Sternbild des Herkules wegrücken nach dem entgegengesetzten Punkte des Himmels zu. So sind die Pfeile in Fig. 2 trotz aller Ausnahmen doch vorwiegend nach links gerichtet. Diese Erscheinung hat im Grunde nichts Verwunderliches. Sie beruht einfach darauf, daß die Sonne sich so gut wie jeder andere Fixstern im Raume bewegt, und daß diese Bewegung gerade nach dem Sternbilde des Herkules hin gerichtet ist. Die neueste Bestimmung[3]) liefert für den Punkt, nach dem sich die Sonne

---

1) Die genauen Zahlen sind nach Boos folgende: Eigenbewegung im Jahrhundert 11″3. Radialgeschwindigkeit 39.8 km/sec. Winkel der Bewegung mit dem Visionsradius 27° 1. Parallaxe 0″025, entsprechend einer Distanz von 120 Lichtjahren.
2) Vgl. H. Ludendorff, Astron. Nachr. 180 S. 265.
3) H. Weetsma, Publikationen des astronomischen Laboratoriums Groningen. Nr. 21. 1908.

hinbewegt, die Rektaszension 286 Grad und die Deklination + 31 Grad. Was die Beobachtung der scheinbaren Bewegung der Sterne am Himmel ergibt, wird durch die Ergebnisse der Beobachtungen nach dem Dopplerschen Prinzip bestätigt. Die Sterne des Herkules nähern sich uns mit einer Geschwindigkeit von 20 km in der Sekunde, ebenso schnell entfernen sich die gegenüberliegenden Sterne; es ergibt sich also zugleich, daß die Geschwindigkeit der Sonne 20 km in der Sekunde beträgt.

Wenn man nun den Einfluß der Eigenbewegung der Sonne von den beobachteten Bewegungen der Sterne abziehen will, um deren wirkliche, nicht auf einen so zufälligen Standpunkt bezogene Bewegungen zu erhalten, so ist das nicht ganz einfach; denn der Reflex der Bewegung der Sonne in der Bewegung eines Sternes hängt ganz davon ab, wie weit der Stern von uns entfernt ist; er ist groß für uns benachbarte, klein für entfernte Sterne und daher nicht scharf zu bestimmen, da man die Entfernungen der meisten in Betracht kommenden Sterne nicht kennt. Die Verhältnisse sind so verwirrend, daß bis vor wenigen Jahren die Ansicht galt, die Bewegungen der Sterne seien völlig irregulär. Wie die Moleküle in einem Gas hin- und herschwirren, so sollte auch die Bewegungen der Sterne ein Gesetz nach Art des Maxwellschen beherrschen, welches gerade ein Ausdruck dafür ist, daß absoluter Zufall regiert.

Erst in den letzten Jahren ist man zu einem positiven Ergebnis gelangt. Wenn man die Milchstraße betrachtet und an die Analogie des Planetensystems denkt, in welchem alle Körper die Sonne in einem Sinne umkreisen, so wird man vermuten, daß auch die Sterne der Milchstraße in Rotation begriffen sind um eine zur Milchstraße senkrechte Achse, um den kleinsten Durchmesser unserer Linse. Diese Vermutung ist aber irreführend, sie hat dadurch, daß sie so nahelag, die Entdeckung der wahren Gesetzmäßigkeit direkt aufgehalten. Es existiert im Milchstraßensystem keine Rotation in einem einzigen bestimmten Sinne.

Die richtige Vorstellung wird uns durch die Betrachtung der Sternzüge, die wir vorhin kennengelernt haben, nahegelegt.[1]) Wir haben die Bewegung der Hyadengruppe im Raum studiert. Sie war dabei relativ zur Sonne gerechnet. Wenn wir den Betrag der Eigenbewegung der Sonne berücksichtigen, so finden wir, daß die resultierende Bewegung, welche als wirkliche Bewegung der Hyaden anzusehen ist, nach einem Punkte der Milchstraße im Fuhrmann hin gerichtet ist. Führen wir dieselbe Rechnung für jene parallel ziehenden Sterne des großen Bären, die „Bärenfamilie", aus, so finden wir als Zielpunkt dieser Bewegung, einen gerade gegenüberliegenden Punkt der Milchstraße im Adler. Wir sehen also hier zwei Sternzüge, die sich in entgegengesetzter Richtung längs der Milchstraße bewegen. Wenn wir uns die Milchstraße wie

---

1) Im folgenden ist ein Versuch gemacht, in populärer Form die Hypothese des „Geschwindigkeitsellipsoids" der Sterne (vgl. Nachrichten der Kgl. Gesellschaft der Wissenschaften zu Göttingen, 1907) wiederzugeben, durch welche ich die ursprüngliche Annahme Kapteyns (British Association Report, 1906) von den zwei einander durchdringenden Sternschwärmen ersetzt habe. Beiden Auffassungen gemeinsam und völlig sichergestellt ist die Existenz der „Heerstraße", der Vorzugsrichtung der Sternbewegungen, deren Entdeckung in der zitierten Untersuchung von Kapteyn enthalten ist.

früher horizontal liegend vorstellen, so wandern diese beiden Sternschwärme parallel zu einem Durchmesser ebenfalls horizontal. Denken Sie sich nun zahllose ähnliche Sternschwärme hinzu, welche alle ungefähr längs derselben Straße wandern, die einen in der einen Richtung nach dem Fuhrmann zu, etwa ebensoviele in der entgegengesetzten Richtung nach dem Adler zu, so bekommen Sie die richtige Erscheinung. Die Wege sind nicht scharf aneinander gebunden, sondern laufen zum Teil erheblich auseinander. Schon die Hyaden weichen ein wenig von der mittleren Richtung ab, welche etwas südlich vom Fuhrmann nahe auf die Beteigeuze im Orion gerichtet ist.[1]) Es gibt auch Sterne, die quer zu unserer Straße und auch solche, die aus der Ebene der Milchstraße herauswandern, aber als Haupttatsache bleibt bestehen: es existiert eine ungeheuere Heerstraße, der die Sterne mit Vorliebe folgen, in der sie sich begegnen und wieder aneinander vorbeiziehen, und diese Straße ist parallel einem Durchmesser des Milchstraßensystems.

Was man sich auch unter dieser Erscheinung denken mag, es ist damit ein ganz neuer Rhythmus in unsere Vorstellung vom Sternengebäude gekommen. Wir glauben die Stimme des Gesetzes zu hören, das die große Herde ordnet und die Sterne, ob sie nun rechts oder links gehen mögen, längs einer Straße hält.

Wenn ich einen Versuch machen soll, diese neue Tatsache gewohnteren Bildern einzuordnen, so möchte ich folgendes andeuten: man nehme an, daß die Sternmassen der Milchstraßenlinse um die vertikale Achse derselben rotieren. Man setze aber nicht voraus, daß die Rotation in einem Sinne stattfinde, sondern es mögen ebensoviel Sterne im Sinne des Uhrzeigers, wie im entgegengesetzten, umlaufen. Wir wissen, daß die Gefahr von Zusammenstößen bei unseren Stecknadelknöpfen in 100 km Entfernung dabei keine Rolle spielen kann. Es ist hier also eine Analogie mit dem Planetensystem vorausgesetzt insofern, als alle Bewegungen einigermaßen in Kreisform und annähernd in der Ebene der Milchstraße gedacht sind. Die Analogie mit dem Planetensystem ist aufgehoben, insofern als völliges Durcheinander von rechtläufigen und rückläufigen Körpern angenommen wird. Denken wir uns mit unserer Sonne nun irgendwie in die Milchstraßenfläche, aber seitlich vom Zentrum, hinein, so werden die Sterne annähernd in zwei Richtungen an uns vorübergehen, nämlich in den beiden Richtungen, die senkrecht stehen zu der Verbindungslinie der Sonne mit dem Mittelpunkt des Systems. Die dynamische Ursache zu diesen Kreisbewegungen hat man in der Gravitationswirkung des ganzen Milchstraßensystems. Man kann abschätzen, daß diese Gravitation genügt, um den einzelnen Stern mit Geschwindigkeiten der beobachteten Größenordnung in etwa 20 Millionen Jahren im Kreise

---

1) Die genaueren Richtungen sind:
 Zielpunkt der absoluten Bewegung der Hyaden: A. R. 95° Decl. + 45°
 „   „   „   „   „ Bärenfamilie: A. R. 285° Decl. — 2°
Mittlere Heerstraße der Sterne (Vertex) nach einer unpublizierten Neubearbeitung der Bradleysterne auf Grund der Ellipsoidhypothese durch Herrn K. Rudolph: A. R. 275° Decl. — 10°.

herumzuführen. Ich muß dabei noch einen Punkt hervorheben, damit Sie keinen flagranten Widerspruch zwischen der Wirklichkeit und dieser Hypothese vermuten. All die Sterne, deren Bewegungen wir kennen, und von denen ich daher vorhin allein sprechen konnte, machen nur einen ganz kleinen Teil des Milchstraßensystems aus. Und in der Tat können wir ja nach unserer Hypothese nur für unsere Nachbarschaft auf das Vorwalten einer bestimmten Bewegungsbahn schließen. Ist unsere Hypothese richtig, so muß sich die Heerstraße der Sterne drehen, wenn wir zu ferneren Gebieten des Himmels übergehen. Bis jetzt hat sich etwas Derartiges nicht nachweisen lassen, aber es eröffnet sich damit doch eine ganz unerwartete Perspektive. Bisher meinte man, daß der Mechanismus des Fixsternensystems so lange verhüllt bleiben müsse, als man nicht die Abweichung der Bewegung eines Sternes von der geraden Linie beobachten und aus der Krümmung der Bahn die Kraftwirkung anderer Sterne ableiten hönnte. Auf diesem Wege ist aber vor 100 Jahren kaum etwas Ersprießliches zu erwarten. Jetzt kann man hoffen, daß durch die bloße statistische Zusammenstellung der geradlinigen Bewegungen der Sterne sich die Zusammenhänge offenbaren werden. Während wir zur Zeit kaum über 10000 Sterne bekannter Eigenbewegung (und diese fast alle über der 9. Größenklasse) verfügen, werden wir in wenigen Jahrzehnten auf Grund der photographischen Aufnahmen Eigenbewegungen von 100000 Sternen bis zur 13. Größenklasse herab kennen gelernt haben und aus ihnen die Heerstraßen der Sterne für weit entlegene Gebiete des Milchstraßensystems ableiten können.

Wo liegt schließlich das Zentrum des Systems, wenn wir immer von dieser Hypothese Gebrauch machen? 90 Grade entfernt von Fuhrmann und Adler in der Milchstraße. Das ist entweder zwischen Schwan und Kassiopeia oder in der Gegend des südlichen Kreuzes.[1]) Nach Betrachtungen, die Herr Easton schon vor der Entdeckung der Heerstraße der Sterne über das Aussehen der Milchstraße angestellt hat, hat man von diesen beiden Möglichkeiten den Schwan zu wählen, und es sei in diesem Zusammenhang auch eine eigentümliche Wahrnehmung wiedergegeben, die Herr Courvoisier an einigen Nebeln in der Milchstraße gemacht hat[2]), daß nämlich die Sternhöhlen in der Nachbarschaft der Nebel eine Bewegung der Nebel vom Sternbilde des Schwans weg andeuten.

Sagen und glauben Sie nun nicht, daß das von Kant, Lambert, Mädler gesuchte Zentrum des Sternsystems entdeckt sei. Solange man die Wahrheit nicht weiß, sucht man sie durch irgendein Bild zu ersetzen. Was entdeckt worden ist, das ist die große Heerstraße unter den Sternen. Ich werde Ihnen nachher von einer ganz anderen Auffassung zu reden haben, bei der vom Zentrum des Systems keine Rede ist. Wie aber auch das Ganze zirkulieren mag, an einer Stelle sind wir dazu gelangt, den Kreislauf des Blutes festzustellen in dem großen Organismus, den das Fixsternsystem bildet.

---

1) Genauere Richtung: A. R. = 347° Decl. = + 57°.
2) L. Courvoisier, Astron. Nachr., Bd. 170, S. 325.

II.

Die Entdeckungen, die wir bisher besprachen, bedeuten einen Erfolg der alten klassischen Astronomie, welche ausschließlich die Richtungen und Bewegungen der Gestirne untersucht. Der neuere Zweig der Astronomie, die Astrophysik, trägt mit Hilfe der Spektralanalyse vielleicht in noch höherem Maße dazu bei, das System der Fixsterne als organische Einheit erkennen zu lassen. Es kommt die neuere Physiologie der älteren Anatomie des Sternsystems zu Hilfe.

Auch auf astrophysikalischem Gebiet liegen wieder gewisse allgemeine, wohlbekannte Ergebnisse vor, die ich zunächst in Kürze schildern will.

Die Spektralanalyse der Gestirne nimmt ihren Ausgangspunkt von der Spektralanalyse der Sonne als dem uns benachbartesten aller selbstleuchtenden Sterne. Wenn man das Sonnenspektrum betrachtet, so erscheinen darin auf den ersten Blick zwei Bestandteile des Sonnenkörpers ausgeprägt. Was man vor sich hat, ist im wesentlichen das bekannte, durch alle 7 Spektralfarben hindurchgehende Farbenband, wie es jeder glühende feste oder hinreichend stark komprimierte Körper aussendet. Die schwarzen Linien, welche dieses Farbenband unterbrechen, die sog. Frauenhoferschen Linien, verdanken ihren Ursprung der Sonnenatmosphäre. Jedes Gas absorbiert aus der dem Innern der Sonne entströmenden Lichtstrahlung ganz bestimmte Farbensorten, die für das Gas charakteristisch sind, die wir zudem aus irdischen Experimenten kennen. Man kann daher aus den Frauenhoferschen Linien auf die Existenz des betreffenden Gases in der Sonnenatmosphäre zurückschließen. Je schärfer man das Sonnenspektrum untersucht, um so zahlreichere Freuenhofersche Linien offenbaren sich in demselben, um so mehr von den auf der Erde bekannten Stoffen werden nachgewiesen. Ich will gleich hinzufügen, daß dasselbe auch von den Sternen gilt. So liefert uns die Spektralanalyse das große allgemeine Ergebnis: **Überall im Universum ist die chemische Konstitution der Materie ein und dieselbe.** Es finden sich dieselben Elemente vor, und sie geben zu denselben Lichtschwingungen Anlaß, mag das betreffende Atom auf der Erde, dem Sirius oder dem fernsten Milchstraßenstern in Schwingungen geraten. Freilich finden sich viele unbekannte Linien, die noch unbekannten Elementen oder unbekannten Zuständen von Elementen entsprechen. Aber es ist kein Zweifel, daß auch diese Elemente auf der Erde entdeckt werden, so gut die Linien des Heliums auf der Sonne erkannt und benannt wurden, bevor man das Helium auf der Erde entdeckt hatte. Auf jeden Fall ist es nicht so, daß auf anderen Sternen ganz andere chemische Elementensysteme existierten, daß sich etwa dort ein bei gewöhnlicher Temperatur flüssiges Gold aus Bechern von fester Luft kredenzen ließe, oder was man sich an tollen Widersprüchen gegen irdische Möglichkeiten sonst ausdenken mag. Überall innerhalb der Milchstraße hat sich die Urmaterie zu denselben chemischen Elementen mit denselben physikalischen Eigenschaften kristallisiert.

Wir wollen uns mit dieser allgemeinen Erkenntnis wiederum nicht begnügen, sondern ins einzelne zu dringen suchen und zunächst einmal auf der Sonne selbst nachsehen, wie dort die Elemente nach der Höhe und Tiefe geordnet sind. Wenn man von außen an die Sonne herankommt, so begegnet man vielleicht schon 20 Erddurchmesser, ehe man die eigentliche Sonnenoberfläche erreicht, gewaltigen Gasausbrüchen (s. Fig. 4), den Protuberanzen.

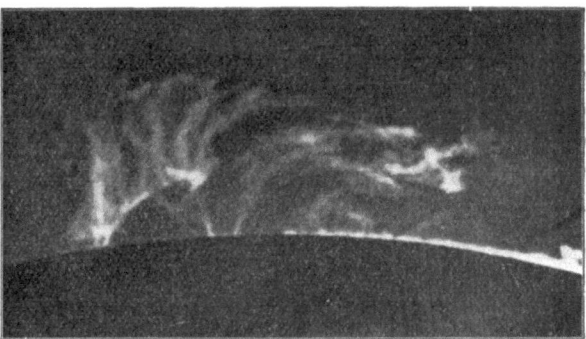

Fig. 4. Kalziumprotuberanzen. (Yerkes-Sternwarte.)

Es wird wichtig sein, uns zu merken, daß diese Ausbrüche wesentlich aus drei Gasen, dem Helium, dem Wasserstoff und dem Kalzium bestehen. Wasserstoff und Helium als die leichtesten Gase wird man von vornherein erwarten; merkwürdig ist, daß das schwere Kalizium im reichsten Maße mit emporgeschleudert wird. Nähert man sich der Oberfläche der Sonne mehr und tritt in die sog. Chromosphäre ein, so trifft man auf die leuchtenden Dämpfe einer größeren Zahl von Elementen.

Fig. 5. Elemente der Chromophäre (Spektralgebiet 460–330 μμ) im periodischen System. (Die Vorkommenden Elemente befinden sich im umrahmten Gebiet.)

Das Spektrum der Chromosphäre läßt sich am besten bei totalen Sonnenfinsternissen untersuchen. Ich habe auf einer Aufnahme von der totalen Sonnenfinsternis 1905 alle Elemente aufgesucht, die eine größere Höhe über dem Sonnenrand erreichten, und dieselben in einer Darstellung des periodischen Systems der Elemente eingetragen (vgl. Fig. 5).

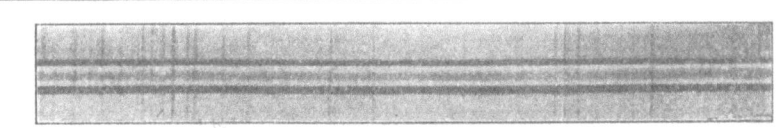

Fig. 6. Fleckenspektrum (Mitte) und normales Sonnenspektrum nach Hale.

Man sieht, daß darunter Elemente mit sehr hohem Atomgewicht, sehr schwere Elemente sind, daß aber alle diese Elemente in der Tabelle in einem Haufen sitzen. Daraus geht hervor, daß es nicht zufälliges, mehr oder weniger reichliches Vorkommen der Elemente in der Sonne, sondern gesetzmäßig wirkende Eigenschaften sind, die das Erscheinen der Elemente in den Höhen der Chromosphäre bedingen. Die meisten Frauenhoferschen Linien, wie man sie für gewöhnlich beobachtet, entspringen einer noch tieferen Zone des Sonnenballs und verraten, wie erwähnt, sehr zahlreiche Elemente, unter denen sich Eisen und Titan durch die große Zahl ihrer Linien hervortun. Die tiefste Stufe bilden die Sonnenflecken (Fig. 6).

Hier werden die Linien des Spektrums noch zahlreicher; es erscheinen diejenigen Linien, die in irdischen Experimenten bei einer tieferen Temperatur der leuchtenden Gase auftreten, ganz besonders verstärkt, und es kommen hier auch Verbindungen vor, während sonst auf der Sonne die Elemente dissoziiert sind. Außer Cyan ist namentlich Titaniumoxyd nachgewiesen, dessen wunderbar regelmäßige Spektralbanden Sie in dem Spektrum eines Sonnenflecks (Fig. 7) wiederfinden.

Fig. 7. Titaniumoxydbanden im Sonnenfleck (oben) und Lichtbogen nach Hale.

Betrachtet man die Sternspektren, so stellt sich die Aufgabe praktisch zunächst so, daß man viele hundert kleine photographische Platten mit einem Spektrum je eines Sternes hat und versuchen muß, über dieses Material Herr zu werden. Das macht man, wie wenn man eine Mannschaft nach der Größe ordnet. Man nimmt zwei nicht allzu verschiedene Spektren und sucht andere Spektren, die ihrer ganzen Beschaffenheit nach zwischen diese beiden passen, also einen Übergang zwischen ihnen bilden, und fährt mit dem Einordnen der Platten fort, bis jedes Spektrum zwischen zwei anderen liegt, zwischen denen es einen Übergang bildet. Dies Einordnen in eine Serie gelingt, abgesehen von einzelnen Sternen, die aus dem Glied fallen, über Erwarten gut. Es ist höchst suggestiv, zu beachten, wie sich dabei die Elemente in ganz ähnlicher Weise einstellen, in der wir sie beim

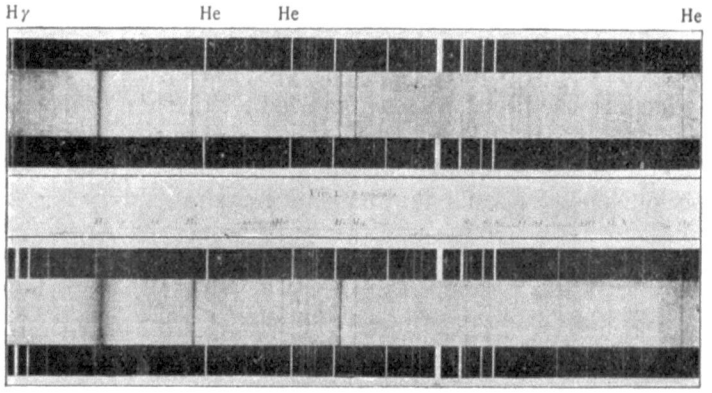

Fig. 8. Spektra von β Orionis (oben) und β Canis majoris (unten).
(Frost und Adams.)

Eindringen in die Sonne vorgefunden haben. An der Spitze der Serie finden wir ein Spektrum, wie das von β Canis majoris (Fig. 8 unten). Man sieht, daß das Farbenband des glühenden Kerns nur von ganz wenigen Linien unterbrochen ist. Diese Linien entstammen (von ganz schwachen, anderen Elementen entspringenden abgesehen) dem Helium und dem Wasserstoff, den Gasen, die wir weit außen in Sonnenprotuberanzen angetroffen haben. Es folgen Spektren, in denen Heliumlinien allmählich zurücktreten (Fig. 8 oben). Beim Sirius sind sie ganz verschwunden, und es herrscht ausschließlich der Wasserstoff, der sich immer leicht durch sein rhythmisches Liniensignal kundgibt (Fig. 9 unten.) Nun tritt der Wasserstoff zurück, und das Kalzium tritt allmählich mehr und mehr hervor (Fig. 9 Mitte). Dann beginnen auch die Eisenlinien und zahlreiche Metallinien zu erscheinen; wir erhalten dasselbe Bild, wie es das Sonnenspektrum bietet (Fig. 9 oben). Gehen wir bis zum Schluß der Serie, so finden wir ähnliche Verhältnisse, wie wir sie in den Sonnenflecken antreffen. Die Linien werden kräftiger und breiter, es treten die Bandenspektra auf, und schließlich hat die Absorptionswirkung der Sternatmosphäre die Strahlung des Kerns bis auf einzelne getrennte Fetzen beseitigt.

Was ist das für eine Art von Anordnung, die wir in diesem natürlichen System der Sterne vorfinden? Es ist zweifellos ein Temperaturgang. Für die letzten Stufen der Reihe lehrt uns das die enge Analogie mit den Sonnenflecken und den Laboratoriumsexperimenten über den Einfluß der Temperatur auf die Spektra der Gase. Für den Anfang der Reihe führen uns andere Betrachtungen zu demselben Schluß. Es fiel von vornherein auf, daß die Sterne am Ende der Spektralreihe rot aussehen, und daß die Farbe des Gestirns sich um so mehr dem Weiß nähert, je näher sein Spektrum dem Anfang der Reihe steht. Das erinnert unmittelbar daran,

Fig. 9. Hauptspektraltypen nach Huggins.

daß ein Metall bei allmählicher Erhitzung aus der Rot- in die Gelb- und Weißglut übergeht. Also — scheint der bündige Schluß — sind die roten Sterne kühl und die weißen heiß. Leider gibt es aber noch eine zweite ebenso enge Analogie. Wenn die Sonne zum Horizont herabsinkt, geht sie von der gelben in die rote Farbe über; zunehmende Stärke der Atmosphäre, welche die Strahlen absorbiert, bewirkt hiernach ebenfalls größere Röte. Unsere Sternserie könnte auch eine Serie immer dichterer und dichterer Atmosphären sein. Dies mag zutreffen. Dadurch wird aber die Behauptung nicht hinfällig, daß man es in der Spektralserie vor allem mit einer Temperaturskala zu tun hat. Für die untersten Stufen ist das ja, wie erwähnt, durch Vergleich mit irdischen Spektren und Sonnenflecken nachgewiesen. Für die obersten Stufen leuchtet das Farbenband des Kerns so ununterbrochen, von so wenigen Frauenhoferschen Linien gestört, daß man da, wo nicht gerade solche Linien sind, gewiß voraussetzen kann, die Strahlung des eigentlichen Kerns vor sich zu haben. Hier gilt also die Analogie des glühenden Metalls und verlangt, den weißesten Sternen, den Heliumsternen, die höchste Temperatur zuzuschreiben. Dies läßt sich noch exakter verfolgen. Man hat in dem Planckschen Gesetz die Regel, nach der das Weißer- und Weißerwerden mit wachsender Temperatur erfolgt.

Es treten mit wachsender Temperatur die langen roten Wellen gegenüber den kurzen violetten immer mehr zurück in einem bestimmten, durch das Gesetz gegebenen numerischen Verhältnis, aber es steigert sich dieses Verhältnis mit wachsender Temperatur nicht etwa derartig, daß der glühende Körper schließlich blau würde und zum Schluß nur ultraviolete, dem Auge unsichtbare Strahlung aussendete. Vielmehr nähert sich die Farbe des glühenden Körpers mit wachsender Temperatur einem reinen Weiß, und ich hege keinen Zweifel, daß man zukünftig auf die Frage: was ist Weiß? nicht antworten wird: Weiß ist, was Weiß ist, oder nach Helmholtz: Weiß ist die vorherrschende Farbe der Umgebung, sondern die Definition wird sein: Weiß ist die Farbe des glühenden Körpers[1] unendlich hoher Temperatur.

Das Weiß der Hiliumsterne ist nun, soweit das die bisherigen Messungen zu beurteilen gestatten, gerade das Weiß des unendlich heißen Körpers, und die genauere Beobachtung zeigt, daß die Intensitätsverteilung in den Spektren, die Farbe, mit dem Hervortreten des Wasserstoffs und dann des Kalziums gesetzmäßig ganz ähnlich heruntergeht, wie bei einem glühenden Körper sinkender Temperatur.[1] Man kann hiernach auch ungefähre Werte der Temperatur für jede Spektralgattung berechnen, die von 3000 Grad bei den roten Sternen beginnen und bis zu 25000 Grad für die Heliumsterne hinaufgehen. Ob sie noch weiter hinaufreichen, läßt sich schwer entscheiden, weil sich zwischen 25000 Grad und unendlich hoher Temperatur Farbe und Intensitätsverteilung im Spektrum nicht mehr merklich ändert.

Wie die Pflanzen in dem natürlichen System der Botanik, so erscheinen also hier die Sterne in einem natürlichen System nach ihrer Temperatur geordnet. Man wird jetzt die Sterne weder den Ameisen eines Ameisenhaufens, noch den tausend Spezies der ganzen Tierreihe vergleichen wollen. So bunt, wie die ganze Welt der Organismen, ist das Heer der Sterne nicht, aber auch nicht so gleichförmig, wie die Individuen einer Spezies. Wir haben vorhin die chemische Einheit des Universums hervorgehoben. Durch die Existenz der Sternserie wird die Einheit der Sterne noch enger geschlossen und wieder eine Menge phantastischer Möglichkeiten abgewiesen. An sich würde uns nichts hindern, uns einen Stern nur aus Gold oder nur aus Eisen zu denken, dessen Spektrum dann nur die Gold- oder Eisenlinien zeigen könnte. In Wirklichkeit kommt ein solcher Fall nicht vor. Das Material der Sterne ist gleichmäßig aus allen Elementen aufgebaut, wenigstens so gleichmäßig, daß bei einer bestimmten Temperatur immer dieselben Linien in den Spektren der Sterne die Herrschaft gewinnen. Es ist eigentümlich, wie sich die Elemente in der Spektralreihe folgen, wie der Wasserstoff abgelöst wird und mit dem Eisen zugleich das Titan zur Herrschaft kommt. Die hier auftretende Verknüpfung und Folge der Elemente ist noch lange nicht genügend er-

---

1) Genauer des sog. vollkommenen Radiators.

2) Daß die Heliumsterne die weißesten Sterne sind und dem Weiß des unendlich heißen vollkommenen Radiators sehr nahekommen, geht aus den Arbeiten der „Göttinger Aktinometrie" und spektralphotometrischen Messungen von Dr. H. Rosenberg hervor.

forscht und auf ihre Ursachen zurückgeführt. Wenn die Elemente nicht auf jedem Stern von neuem aus den Uratomen in derselben Weise gebraut werden, dann muß die große Masse, aus der das ganze System entstanden ist, so gleichmäßig durchmischt gewesen sein, daß jedes von den Millionen Sternpünktchen, in die sie sich gespalten hat, seine Portion von jedem der Elemente abbekommen hat. Hier verliert sich unser Blick in noch undurchdringliche zeitliche Entfernungen.

Aber lassen Sie uns noch einmal zu konkreten Forschungen zurückkehren. Wir haben uns noch nicht aller Mittel bedient, um die Rätsel der Milchstraße zu enthüllen. Die Armeen sind noch getrennt marschiert. Auf der einen Seite wurden die Bewegungen der Gestirne, auf der anderen ihre Spektra studiert. Mit der Vereinigung beider Kräfte muß sich ein noch nachdrücklicherer Anschlag ausführen lassen. Freilich ist bis jetzt nur die Avantgarde im Vormarsch, doch diese wollen wir noch begleiten, um einen letzten Ausblick zu gewinnen.

Spektra unserer Spektralserie, welche derselben Temperatur angehören, unterscheiden sich noch durch feinere Charaktere. Insbesondere zeigen Sterne, welche die Wasserstofflinien aufweisen, diese in sehr verschiedener Breite. Man muß daher den höheren Stufen unserer Skala seitliche Sprossen anfügen, welche bezeichnen, daß die Linien in dem Sternspektrum schmäler und schmäler werden.[1]) Derartige sekundäre Unterschiede der Spektren werden nicht überraschen, wenn man daran denkt, daß außer der Temperatur jedenfalls noch andere Verschiedenheiten zwischen den Sternen bestehen, selbst abgesehen von allen etwaigen Unterschieden ihrer chemischen Konstitution. Sowohl ihrer Masse als ihrer durchschnittlichen Dichte nach können sich die Sterne unterscheiden. Die Beobachtung von Doppelsternen zeigt, daß die Massen nicht allzu sehr verschieden sind. Als wesentlich unterscheidendes Merkmal wird daher außer der Temperatur die Dichte, der Raum, auf den die Masse des Sternes verteilt ist, in Betracht kommen. Die Frage wird also: Können wir etwas über die Dichte, die Ausdehnung, den Radius der Sterne angeben, und besteht dabei ein Zusammenhang mit den Spektren?

Hier greift die Vereinigung zwischen dem Studium der Bewegungen und der Spektren Platz.

Man kennt durch Parallaxenmessung die Entfernung von etwa 200 Sternen und durch den Reflex der Eigenbewegung des Sonnensystems im Raume erhält man noch gewisse durchschnittliche Angaben über die Entfernungen von einigen 1000 anderen Sternen. Ist die Entfernung bekannt, und dazu bekannt die scheinbare Helligkeit des Sterns, so kann man seine wirkliche Helligkeit z. B. im Verhältnis zur Sonne berechnen. Was sollten wir für die wirkliche Helligkeit der Sterne unserer Serie erwarten? Offenbar große Leuchtkraft für die heißen Sterne, geringe für die kühlen. Dabei ist freilich die Voraussetzung, daß die Oberfläche der

---

1) Von Miß A. C. Maury sind diese Unterschiede in Harvard Annals vol. 28. Part. I durch die Indices a, b, c bezeichnet. Die Sterne mit dem Index c sind es, deren Gigantennatur (s. unten) Hertzsprung entdeckt hat.

Sterne einigermaßen gleich ist, denn die Temperatur bestimmt nur die Lichtmenge, die von der Oberflächeneinheit, dem Quadratmeter, ausgeht; und ein kühler Stern kann daher trotzdem eine große Gesamtleuchtkraft haben, wofern er eben großen Durchmesser und eine große Oberfläche besitzt.

Die Erwartung bestätigt sich nun zu einem guten Teil. Berechnet man für die Sterne, deren Entfernung zuverlässig bestimmt ist, ihre wirkliche Leuchtkraft, so sieht man dieselbe regulär mit abnehmender Temperatur geringer werden, — mit ein paar ganz eigentümlichen Ausnahmen: unter den gelben und roten Sternen sind einige von ganz ausnahmsweise großer Leuchtkraft.[1]) Da man nicht annehmen kann, daß die Oberflächeneinheit bei diesen kühlen Sternen viel Licht aussendet, so folgt, daß die Gesamtoberfläche ungeheuer groß sein muß. Man kann die Durchmesser einigermaßen abschätzen und findet für die normalen Sterne sehr konstante Zahlen, die zwischen der Hälfte und dem Doppelten des Sonnendurchmessers liegen. Für die exzeptionellen Sterne aber ergibt sich der 10—100fache Sonnendurchmesser. Indessen nicht nur unter den roten Sternen gibt es solche Giganten, sondern auch unter den weißen, an sich hell leuchtenden Sternen gibt es vereinzelte noch ganz unverhältnismäßig hellere, und zwar sind es hier, wie Herr Hertzsprung entdeckt hat[2]), gerade die Sterne mit schmalen Gaslinien, welche die Gigantennatur haben. Es ist an sich höchst merkwürdig und durch keine Theorie über die Entwicklung der Sterne vorauszusehen, daß so zerstreut zwischen den gewöhnlichen Sternen diese Giganten liegen. Wieder einmal erweist sich die Welt als vornehmstes Kunstwerk, niemals willkürlich und doch stets überraschend. Aber noch verheißungsvoller erscheint die Aussicht, die sich von diesem Endpunkt unseres Vormarsches aus eröffnet.

Wir wollen uns einmal die Giganten ausgeschlossen denken von den übrigen Sternen. Für die weißen Sterne läßt sich das bereits einigermaßen durchführen, indem man die Sterne mit schmalen Wasserstofflinien ausschließt; für die roten wird hoffentlich auch noch die Eigentümlichkeit des Spektrums entdeckt werden, welche die Giganten von den gewöhnlichen Sternen unterscheidet. Was dann übrigbleibt, sind lauter Sterne ungefähr von Sonnengröße, deren wirkliche Leuchtkraft wir aus ihrer Temperatur, aus ihrem Spektrum, entnehmen können. Beobachten wir ihre scheinbare Leuchtkraft, so haben wir dann ihre Entfernung, das A und O der Angaben, die wir brauchen, wenn wir Gesetze der Anordnung der Sterne im Raume und ihrer Bewegungen erkennen wollen. Verbindet man die Entfernungsbestimmung mittels der Spektren mit der Beobachtung der Bewegung, so müssen sich die Züge der Sterne entwirren. Überall zeigen sich schon unverstandene Gesetzmäßigkeiten, die zum Teil wieder in Beziehungen zur Milchstraße stehen. Die weißen Sterne, und unter diesen wieder besonders die weißen Giganten, stehen vorzugsweise in der Milchstraße, während die roten Sterne

---

1) Vgl. E. Hertzsprung. Zeitschrift für wissenschaftliche Photographie, Bd. III, S 429, Bd. V, S. 86.
2) l. c. Bd. III, S. 435.

außerhalb der Milchstraße relativ häufiger sind. Von der Ferne gesehen, würde unsere Milchstraßenscheibe wie eine gelbliche Masse mit einem weißeren Rand aussehen. Höchst wunderbar ist, daß die Geschwindigkeit der Sterne im Raume auch mit ihrer Temperatur zusammenzuhängen scheint, indem die kalten Sterne die rascher bewegten sind.[1])

Fig. 10. Andromedanebel.

Es besteht also die Hoffnung, daß die einheitliche aber auch einförmige Linse des Milchstraßensystems sich in nicht allzu ferner Zeit auch räumlich in all die Windungen wird trennen lassen, über deren Existenz uns der bloße Anblick der Milchstraße keinen Zweifel läßt, und daß dann endlich auch der Schlüssel zu all dem beziehungsreichen Detail gefunden wird, das den Anblick der Milchstraße so anziehend macht. Wenn ich über all diese dunklen Furchen und Löcher und jene aus Sternen gewobenen Schleier Ihnen nichts Näheres sagen konnte und die Wissenschaft da die Antwort schuldig bleibt, wo die Neugierde am lebhaftesten erregt ist, so möchte ich wenigstens mit einer Hypothese schließen, die uns vielleicht ein richtiges Bild der zukünftigen Aufspaltung des Milchstraßensystems in seine einzelnen Züge vor Augen führt, die auch dem Detail der Milchstraße eine Bedeutung zuweist und uns mit einer neuen Ahnung der Kräfte erfüllt, die die Bewegung der Sterne beherrschen mögen. Es handelt sich um die Analogie der Milchstraße mit einem Spiralnebel.

Fig. 11. Spiralnebel Messier 33 Trianguli.

Fig. 10 zeigt den bekannten Andromedanebel. Schon Herschel hat denselben für eine zweite, ungeheuer weit entfernte Milchstraße erklärt. Für die Spiralnebel hält man auch heute noch an dieser Möglichkeit fest: sie gelten als einzige zulässige Ausnahme von dem Satz, daß alle

---

1) Campbell (Astrophys. Journal vol. 13. 1901) hat bemerkt, daß die scheinbar schwächeren Sterne die rascheren sind. Darüber scheint sich ein Einfluß des Spektraltypus zu lagern. Aus 168 von E. B. der Sonne befreiten Radialgeschwindigkeiten, die Hertzsprung aus der Literatur gesammelt hat, findet sich

Typus (Maury)	1–5.	6–9.	11–13.	14–15.	16–18.
Mittlere Radialgeschwindigkeit	9	18	20	22	36 km/sec.

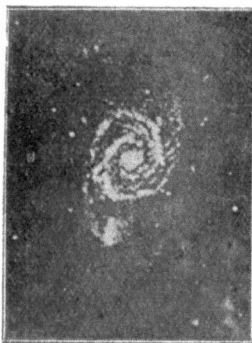

Fig. 12. Spiralnebel in den Jagdhunden.

uns überhaupt sichtbaren Objekte unserem Milchstraßensystem angehören. Der Andromedanebel zeigt im ganzen die unserm Milchstraßensystem zukommende Linsenform. Daß er nicht kreisrund erscheint, beruht offenbar darauf, daß wir von der Seite auf ihn blicken. Die allgemeine Linsenform scheint hier aber entstanden durch den Zug zahlreicher Spiralen um einen verdichteten Kern. Aus ähnlichen Spiralen gebildet hätten wir uns die Milchstraße vorzustellen und fänden damit eine prachtvolle Erklärung ihres äußeren Anblicks. Denken wir uns in den Andromedanebel hinein, so würden uns all diese Sterne, Knoten und Überschneidungen seiner Spiralen genau wie das Blätterwerk der Milchstraße erscheinen. Halten wir diese Analogie fest, so verhilft uns die Betrachtung einfacherer Spiralnebel zu einer Ahnung der Dynamik dieser Systeme. Der Andromedanebel und vielleicht unsere Milchstraße scheinen die letzte Entwicklungsform der Spiralnebel zu bilden. Eine viel übersichtlichere Gestalt treffen wir in den in Fig. 11 und 12 wiedergegebenen Spiralnebeln. Hier haben die einzelnen Arme den Kern noch nicht so oft umkreist wie bei dem Andromedanebel, und es tritt die merkwürdige Polarität fast aller Spiralnebel hervor. Es gehen fast immer von entgegengesetzen Stellen des Kerns zwei einander zugeordnete Spiral-

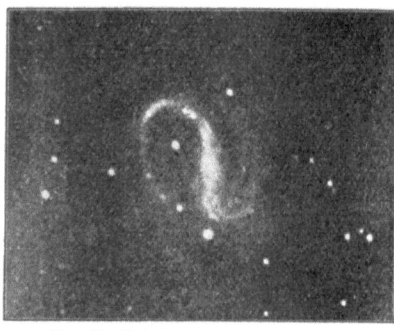

Fig. 13. Spiralnebel H. I. 55. Pegasi.

arme aus. Am deutlichsten ist diese Symmetrie aus dem Anfang eines Spiralnebels zu erkennen, den Fig. 13 zeigt. Man sieht, daß sich vom Zentrum aus zwei Arme in entgegengesetzter Richtung erstrecken und nur erst eine viertel Windung zurückgelegt haben. Die Bilder dieser Spiralnebel hintereinander betrachtet erscheinen wie ein in Gang kommendes Feuerrad. Der Kern entsendet Raketen nach zwei einander gegenüberliegenden Punkten, die die äußersten Spitzen der Nebelarme geben. Während der Kern langsam rotiert, geht der Ausschleuderungsvorgang weiter und bildet die nachfolgende Masse der Arme, die um so länger werden und um so zahlreichere Windungen aufweisen, je länger die Rotation und das Ausschleudern angedauert hat. Und hier komme ich auf die Entdeckung der großen Heerstraße unter den Sternen zurück, längs deren sie in entgegengesetzen Richtungen wandern: Vielleicht befinden wir uns nahe der Mitte eines solchen Spiralnebels und verspüren in den Bewegungen der Sterne die Nachwirkung der Kraft, die die Arme des Nebels auseinander treibt, und die Sterne, die an uns nach rechts und links vorüberziehen, schreiten hinaus, um den alten Spiralästen der Milchstraße ein neues Stück an der Wurzel hinzuzufügen.

IV. Vom Universum.[1])

„Die Unendlichkeit kann man sich doch nicht vorstellen." Das ist eine Behauptung, die dem Astronomen um so sicherer entgegengehalten wird, je mehr er von der Größe der Sternenwelt erzählt hat. Ob man sich die Unendlichkeit wirklich nicht vorstellen kann, mag dahingestellt bleiben — ich möchte freilich behaupten, sie sei sehr wohl vorstellbar, da Unendlichkeit des Raumes nur bedeutet, daß es überall im Raume zu neuen Räumen weitergeht, genau so, wie wir es in unserer Umgebung gewohnt sind. Was aber mit jener Behauptung dem Astronomen in verkappter Form entgegengehalten werden soll, ist die Unzulänglichkeit seiner Wissenschaft. Das ist nun freilch richtig, daß die Astronomie so wenig wie eine andre Wissenschaft bis zum Urgrund der Dinge vordringt und auf letzte Fragen Antwort gibt. Sie ist sogar vor allen andern geeignet, den Menschen zur Demut zu führen, indem sie ihm so recht seine Zwerghaftigkeit vor Augen stellt. Aber gerade wenn man diese Demut fühlt und diese allgemeine Einsicht in die menschliche Beschränktheit als etwas Selbstverständliches zugibt, hat man allen Grund, über die Fähigkeiten der menschlichen Vernunft, die sie beim Studium des Universums entfaltet, einen besonders frohen geistigen Stolz zu empfinden, den man sich durch die Phrase von der Unvorstellbarkeit des Unendlichen nicht vergällen lassen soll. Denn — das soll hier ausgeführt werden — unsre Vorstellungskraft reicht aus, um die ganze Größe der unsrer Erfahrung überhaupt zugänglichen Fixsternwelt anschaulich zu erfassen. Die Vorstellbarkeit des Unendlichen kommt dabei gar nicht in Frage. Ja, unsre Vorstellungskraft ist kühner und reicher als die Erfahrung selbst, indem sie aus sich heraus Bilder schafft, welche die Erfahrungswirklichkeit, so mächtig sie ist, in sich einschließen und noch über sie hinausgehen.

Ein Ergebnis der neueren Fixsternkunde ist, daß die Entfernung der letzten, schwächsten in unsern Fernröhren sichtbaren Sterne, der Größenordnung nach, gleich 100 000 Billionen Kilometer ist. Hier setzt gleich die Behauptung ein, unter einer so großen Zahl könne man sich nichts vorstellen, sie gehe über alle Anschauungsmöglichkeit hinaus. Die Behauptung beruht auf einem Versuch, unser Gehirn in ganz unzweckmäßiger Weise anzustrengen.

Was ein Kilometer ist anschaulich völlig klar, es ist eine Strecke, die man auf der Landstraße in einer Viertelstunde zurücklegt. Man erhält ihn, indem man ein Meter 1000 mal aneinanderlegt. Ebenso deutlich ist die Größe eines Millimeters. Es gehen 1000 Millimeter auf den Meter, eine Million auf den Kilometer. Wenn man nun einen Versuch macht, sich jeden einzelnen dieser Millimeter vorzustellen und sie auf der Land-

---

[1] Aus dem Jahrbuch des Freien deutschen Hochstifts zu Frankfurt a. M. Nach einem Vortrag vom 25. Febr. 1908.

straße zu einem Kilometer aneinanderzulegen, so braucht man dabei noch nicht einmal an die einzelnen Sandkörner und Lebewesen jedes einzelnen Millimeters zu denken, um von einem Gefühl des Schwindels ergriffen zu werden und zu dem Schlusse zu gelangen, daß der Kilometer etwas unvorstellbar Großes sei. Es ist klar, worin der Fehler dieses Vorgehens liegt. Man darf nicht addieren, man muß multiplizieren, man muß immer größere Einheiten benutzen, stufenweise vorgehen, wenn man große Zahlen vorstellbar machen will. Wählt man aber die geeigneten Einheiten, so wird jede endliche Größe vorstellbar und unendliche Größen kommen nicht in Betracht, da sie keine Objekte der Erfahrung sind.

Wollte man das richtige Verfahren auf die obige große Zahl anwenden, so würde man von der Erde zur Sonne, mit dieser Einheit zu dem äußersten Planeten, mit dieser größeren Einheit zu dem ersten Fixstern und von diesem bis zum letzten Fixstern fortzuschreiten haben.

Es ist aber wohl plastischer, umgekehrt vorzugehen und sich die Bilder vorzustellen, welche unser Sternsystem bietet, wenn man sich ihm aus ungeheurer Entfernung annähert und von der Totalität zum einzelnen übergeht.

Denkt man sich aus größter Distanz auf unser Sternsystem zufliegend, so gewahrt man – das ist wenigstens die durch viele Wahrscheinlichkeitsgründe gestützte Ansicht der Astronomen – ein von der übrigen Welt durch weite, leere Räume getrenntes, wohlbegrenztes Gebilde, eine Art von leuchtendem Nebelfleck, nicht unähnlich dem Andromedanebel, der Gestalt nach einem etwas unregelmäßigen, stark abgeplatteten Rotations-Ellipsoide vergleichbar. Bei näherem Herankommen löst sich der Nebelfleck in etwa 100 Millionen einzelner Sterne auf. Nach der Mitte des Ganzen zu stehen die Sterne dichter, auch ist ein Farbenunterschied der einzelnen Regionen vorhanden. Der äquatoriale Gürtel des Systems – der vom irdischen Standpunkt aus als Milchstraße erscheint – ist mehr von blau-weißen Sternen besetzt, während abseits von der äquatorialen Mittelebene die Durchschnittsfarbe der Sterne des Systems gelblicher ist. Zwischen den Sternen ziehen sich lange Nebelfäden hin, einige große Nebelbatzen befinden sich in dem äquatorialen Gürtel, zahlreiche, aber kleine Nebelhäufchen stehen an den Polen des Ellipsoids zusammengedrängt. Der Äquator ist hinwieder besetzt von einer Menge rundlicher Klumpen, in denen sich Tausende von Sternen auf enge Haufen zusammendrängen.

Kommt man schließlich ganz nahe in den Schwarm hinein, so erkennt man, daß die Sterne im allgemeinen unsrer Sonne gleichen, daß aber außerordentlich viele sich aus zwei umeinander kreisenden Sonnen zusammensetzen und daß wohl keiner von ihnen einer kleinen dunklen Masse, eines Planeten, ermangelt, der ihn begleitet.

Man kann diesem Bilde des uns sichtbaren Universums vorwerfen, daß es oberflächlich sei, nicht aber, daß es unvorstellbar sei. Die Vorstellbarkeit beruht auf der endlichen Größe, der Begrenztheit, die man der ganzen sichtbaren Sternenwelt zuzuschreiben hat. Dieses ganze System von Sternen, welches vielleicht alles enthält, was je zu menschlicher

IV. Vom Universum

Kenntnis gekommen ist, ist eben innerhalb einer Kugel von 100 000 Billionen Kilometer Radius enthalten.

Es ist hervorzuheben, daß diese Begrenztheit nicht etwa nur ein Ausdruck der beschränkten Leistungsfähigkeit unserer Fernröhre ist. Von Galilei bis Herschel nahm die Zahl der Sterne mit wachsender Größe der Instrumente ständig zu. Die Zunahme hat sich aber neuerdings trotz der Verwendung der photographischen Daueraufnahme keineswegs in der zu erwartenden Weise fortgesetzt. Was in den letzten Jahren sich an schwächsten Sternen noch unseren besseren und besten Instrumenten enthüllt hat, das sind relativ wenige Sterne der Zahl nach und dazu zum größten Teil wohl nicht weit entfernte Sterne, sondern sozusagen Nachzügler, nämlich an sich schwächer leuchtende Sterne, die uns relativ nahestehen.

Wenn hiermit die Vorstellbarkeit unseres Universums völlig deutlich ist, so wollen wir uns nun aber auch der über die Erfahrung hinausgehenden Kraft unseres Vorstellungsvermögens bewußt werden, indem wir dies Universum in viel weitergehende Phantasien einschließen. Es handelt sich dabei nicht um Unmöglichkeiten. Was diese Phantasiebilder vor unserem inneren Bewußtsein vorüberführen, kann jeden Tag Erfahrung, Erlebnis werden. Daß sie, wenn auch Möglichkeiten, so doch zunächst noch keine Wirklichkeit bedeuten wollen, wird durch die Gegenüberstellung dreier verschiedener, sich gegenseitig anschließender Ideenkreise besonders eindringlich gemacht werden.

In unserem Sonnensystem herrscht monarchische Verfassung in doppelter Stufe. Jeder Planet führt seine Monde um sich, die Sonne beherrscht ebenso die Planeten, die sie umkreisen. Auf der nächsthöheren Stufe, im Milchstraßensystem, tritt dafür die republikanische Staatsform ein. Die Anziehung aller Sterne des Milchstraßensystems auf jeden einzelnen ist imstande, die Sterne in kreisähnlichen Bahnen im Laufe von Jahrmillionen herumzuführen und den Bestand des Milchstraßensystems auf außerordentlich lange Zeiten hinaus zu sichern, so wie die Attraktion der Sonne die Planeten in ihren geordneten Bahnen erhält. Man kann sich vorstellen, daß sich die stabile Anordnung der Welt vermöge der Gravitation fortsetzt. Es mögen in Räumen, bis zu welchen unsere Fernröhre nicht dringen, noch viele Sternsysteme von der Art und Größe des Milchstraßensystems existieren, die sich zu einem Bundesstaat von Sternenrepubliken vereinigen, zu einem Ring umeinander kreisender Milchstraßensysteme. Unzählige viele Ringe aus Milchstraßensystemen mögen sich zu einer Einheit noch höherer Ordnung zusammenschließen, und so mögen immer wachsende und wachsende Räder aus Sternen und wieder Sternen die ganze unendliche Welt aufbauen. Diese Vorstellung, welche die durch neuere Forschungen gebotene republikanische Umgestaltung der berühmten Lambertschen Idee von den monarchischen Zentralsonnen ist, bildet vielleicht die einfachste Art, einen unendlichen Raum über die uns zugänglichen Grenzen hinaus im Anschluß an unsere wirklichen Erfahrungen zu bevölkern. Sie denkt die Wirksamkeit der Kraft, welche in unserem Sonnensystem gebietend ist, der Gravitation, auf den unendlichen

Raum erweitert und läßt den Zustand der Welt im wesentlichen aus einer stufenweise immer wiederholten Vergrößerung der durch unser Milchstraßensystem gebildeten Einheit hervorgehen.

Stellen wir demgegenüber eine zweite Phantasie, welche insofern der Lambertschen widerspricht, als sie statt der Unendlichkeit die Endlichkeit des Raumes postuliert. Es gab eine Zeit, wo es wunderbar erschien, daß man beim Gradeausgehen auf der Erde wieder zum Ausgangspunkt zurückkommt. Es könnte sein, daß zukünftige Geschlechter dasselbe Wunder in einem noch höheren Maße erlebten, wenn es sich herausstellte, daß, wenn man von der Erde weg weiter und weiter in den Raum hinausgeht, man schließlich wieder zu demselben Ausgangspunkt zurückkommt. Was sich durch die Erdumseglung Magelhaens in zwei Dimensionen ereignete, das würde sich hier in drei Dimensionen wiederholen; so wie die Erde eine endliche Oberfläche hat, von der jetzt nur noch geringe Fleckchen unbesucht sind, so würde der Raum einen endlichen Inhalt haben, den wir ebenfalls ausforschen könnten. Wie wir uns von der Erdoberfläche nur wenige Kilometer nach oben und unten entfernen können, so würden wir dann noch fester in diesem Raum gebannt sein in der Weise, daß wir niemals eine über ihn hinausliegende Erfahrung machen könnten, solange uns nicht Kunde aus der vierten Dimension zukäme oder wir uns in diese versetzen könnten. Diese Vorstellung des endlichen sogenannten gekrümmten Raumes ist in keiner Weise absurd, wie sich insbesondere Helmholtz in einem berühmten Vortrag über den Ursprung der geometrischen Axiome auseinanderzusetzen bemüht hat. Sie erklärt die Endlichkeit unseres Milchstraßensystems, die wir aus den Beobachtungen erschlossen haben, durch die einfachste Annahme, daß es darüber hinaus nichts gibt, weil der Raum eben zu Ende ist. Sie ist zugleich die ermutigendste für den Menschengeist, der auf Beherrschung des Universums ausgeht, indem sie ihm angibt, daß er nur ein räumlich begrenztes Reich zu erobern braucht, daß er einst die makroskopische Forschung zu Ende führen und dann nur die mikroskopische fortzusetzen haben wird.

Verkörpern die Lambertsche Idee und die Idee des gekrümmten Raumes die allgemeine Herrschaft des Gesetzes, so soll eine dritte und letzte Phantasie uns die Möglichkeit vor Augen halten, daß in den dunklen Himmelstiefen die höchste Willkür lauern mag. Wenn ein Mensch willkürlich mit der Hand durch die Luft fährt, so bestimmt er das Geschick von Millionen differenziertester Luftmoleküle, die er vor seiner Hand hertreibt. Es kann sehr wohl sein, daß nicht nur unsere Erde, sondern gleich unser ganzes Sternensystem die Rolle eines Moleküls in einer unendlich viel größeren Welt spielt, in der ein übermächtiges Wesen uns nach Laune umtreibt, oder daß vielleicht unser ganzes Sternsystem ein goldener Regentropfen ist, der in einer solchen größeren Welt herabregnet und einem täppischen Riesen auf die Hand fällt, der ihn fortwischt und damit nicht nur alle unsere Existenzen, sondern auch alle unsere Gesetze zunichte macht.

Aus dem Wirbel dieser und noch tausend anderer Vorstellungsmöglichkeiten, von denen man vielleicht keine einzelne wird glauben wollen, muß doch als klare Überzeugung die Einsicht emportauchen, daß die Phantasie unter allen Umständen reicher bleibt als die Erfahrung. „Kühne Seglerin Phantasie, wirf ein mutlos Anker hie!", wird der Naturforscher nie rufen müssen. „Inwendig voller Figur", wie Dürer sagt, kann die Phantasie immer weiter. Solange wir uns dieser Kraft des Geistes bewußt sind, darf uns die körperliche Ohnmacht gegenüber den Naturgewalten nicht niederdrücken. Stolze Demut ist daher das widerspruchsvolle Wort für die echte Stimmung desjenigen, der den gestirnten Himmel mit sich reden läßt.

Inhaltsverzeichnis.

		Seite
I.	Vom Fernrohr	5
II.	Über Lamberts kosmologische Briefe	8
III.	Über das System der Fixsterne	20
IV.	Vom Universum	39

Astronomie

Unter Redaktion von J. Hartmann in Göttingen. (Die Kultur der Gegenwart, ihre Entwicklung und ihre Ziele. Herausgegeben von Prof. P. Hinneberg, Teil III, Abt. III, Bd. 3.) [U. d. Presse.]

Inhalt: Die Entwicklung d. astronom. Weltbildes im Zusammenhang mit Religion u. Philosophie: F. Boll. Die Zeitrechnung: F. K. Ginzel. Die Zeitmessung: J. Hartmann. Astronom. Ortsbestimmung: L. Ambronn. Erweiterung d. Raumbegriffs: A. v. Flotow. Mechanische Theorie d. Planetensystems: J. v. Hepperger. Die Physik d. Sonne: E. Pringsheim. Die Physik der Fixsterne: F. W. Ristenpart. Das Sternsystem: H. Kobold. Lichtgeschwindigkeit u. Gravitation: S. Oppenheim. Beziehungen d. Astronomie z. Kunst u. Technik: L. Ambronn.

Astronomie in ihrer Bedeutung für das praktische Leben. Von Prof. Dr. A. Marcuse. Mit 26 Abbildungen. Geh. M. 1.—, geb. M. 1.25.

Eine zusammenfassende und anschauliche Schilderung der großen Bedeutung des astronomischen Wissensgebietes für das praktische Leben, in der besonders betont sind: Wesen und Methoden der Ortsbestimmung bei Land-, See- und Luftfahrten, Instrumente zur Ortsbestimmung, öffentlicher Zeitdienst und Kalenderwesen, Beziehungen der Astronomie zur Meteorologie, zur Geographie und Geophysik, zur Schiffahrt und Luftschiffahrt und zur medizinischen Wissenschaft.

Probleme der modernen Astronomie. Von Prof. Dr. S. Oppenheim. Mit 11 Figuren. Geh. M. 1.—, geb. M. 1.25.

„Die Sprache des Buches ist leicht und klar, und zum Verständnis tragen nicht wenig die einfachen Formeln und numerischen Beispiele bei, die die Darstellung schwierigerer Gegenstände begleiten. Abgesehen von seiner selbständigen Bedeutung bildet das Werkchen eine wertvolle Ergänzung zu jeder guten populären Astronomie." (Zeitschrift für Mathematik und Physik.)

Der Bau des Weltalls. Von weil. Prof. Dr. J. Scheiner. 4. Aufl. Mit 26 Figuren und 2 Tafeln. Geh. M. 1.—, geb. M. 1.25.

Gibt auf Grund des neuesten Standes der Forschung ein anschauliches Bild vom Bau des Weltalls und seinen ungeheuren Größenverhältnissen in Raum und Zeit, beschreibt die Stellung der Erde in ihm und zeigt, welches Mittel insbesondere in der Spektralanalyse uns zu seiner Erforschung zur Verfügung steht und welche Anschauungen wir weiter von der Sonne, den Fixsternen und Nebelflecken gewinnen können.

Die Mechanik des Weltalls. Eine volkstümliche Darstellung der Lebensarbeit Johannes Keplers, besonders seiner Gesetze und Probleme. Von weil. Dir. Dr. L. Günther. Mit 13 Figuren, 1 Tafel und vielen Tabellen. Geb. M. 2.50.

„... Dem deutschen Volke einen seiner größten und edelsten Söhne, Johannes Kepler und dessen umwälzende Forschungsergebnisse, wieder näher gebracht zu haben — das ist das kaum hoch genug zu veranschlagende Verdienst, das sich der Verfasser durch d. Herausgabe dieses Buches erworben hat." (Frankf. Zeitung.)

Theorie der Planetenbewegung. Von Dr. P. Meth. Mit 17 Figuren und 1 Tafel. Kart. M. —.80.

Der Verfasser entwickelt im 1. Teil die später zu verwendenden Sätze aus der Mechanik. Der 2. Teil enthält die Keplerschen Gesetze, aus denen das Gravitationsgesetz abgeleitet wird, dessen weitere Forderungen dann im 3. Teile behandelt werden, wobei auch der Bewegung der Doppelsterne ein Abschnitt gewidmet ist.

Dreht sich die Erde? Von Prof. Dr. W. Brunner. Mit 19 Figuren.

Will in leicht verständlicher Weise zeigen, was für Vorrichtungen und Versuche ausgedacht und erprobt worden sind, um die Drehung der Erde sichtbar zu machen. Es setzt Interesse an mathematischen und astronomischen Fragen, aber nur wenig Vorkenntnisse voraus.

Wörterbuch der Astronomie und mathematischen Geographie einschl. der nautischen und aeronautischen Navigation. Von Prof. Dr. A. Marcuse. Geh. M. 1.—, geb. M. 1.25 [Unter der Presse]

Studierende und höhere Schüler sowie auch Freunde der Astronomie finden in dem Astronomischen Wörterbuche rasche Aufklärung über die wichtigsten Fragen der Himmelskunde und der Anwendung jener erhabenen Wissenschaft für das praktische Leben.

Der Kalender in gemeinverständlicher Darstellung. Von weil. Prof. Dr. W. F. Wislicenus. 2. Aufl. Geh. M. 1.—, geb. M. 1.25.

Gibt ein Bild d. astronom. Grundlagen und d. Geschichte sowie eine Anleitung zu kalendar. Berechn.

Nautik. Von Dir. Dr. Joh. Möller. Mit 58 Fig. und 1 Tafel. Geh. M. 1.—, geb. M. 1.25.

„Der Autor schildert das allgemein Wissenswerte klar und anregend, weiß den Stoff meisterlich zu behandeln und alles Wesentliche hervorzuheben." (Streffleurs Militärische Zeitschrift.)

Populäre Astrophysik. Von weil. Prof. Dr. J. Scheiner. Mit 30 Tafeln u. 240 Figuren. 2. Aufl. In Leinw. geb. M. 14.—

„Soweit es überhaupt möglich ist, dem Laien einen Einblick in diese schwierige Materie zu erschließen, dürfte der Verfasser seine Aufgabe mit großer Geschicklichkeit gelöst haben." (Propyläen.)

Die Sonne. Von Dr. A. Krause. Mit 64 Abbildungen. Geh. M. 1.—, geb. M. 1.25.

Gibt eine Zusammenfassung aller auf die Sonne bezüglichen Errungenschaften der Neuzeit.

Die Planeten. Von weil. Prof. Dr. B. Peter. Mit 18 Figuren. Geh. M. 1.—, geb. M. 1.25.

Gibt eine Schilderung der einzelnen Körper unseres Planetensystems.

Das astronomische Weltbild im Wandel der Zeit. Von Prof. Dr. S. Oppenheim. 2. Aufl. Mit 19 Abb. Geh. M. 1.—, geb. M. 1.25.

„Es ist eine tüchtige, wissenschaftliche Arbeit, die bemüht ist, in verständlicher, durch Zeichnungen unterstützte Darstellung des schwierigen Stoffes Allgemeinverständlichkeit zu erzielen. (Deutsches Lehrer-Blatt.)

Entstehung der Welt und der Erde nach Sage und Wissenschaft. Von Geh. Reg.-Rat Prof. Dr. B. Weinstein. 2. Aufl. Geh. M. 1.—, geb. M. 1.25.

Stellt d. Problem d. Entstehung von Welt u. Erde dar, wie es bei allen Völkern u. zu allen Zeiten wiederkehrt.

Himmelsbild und Weltanschauung im Wandel der Zeiten. Von Prof. Troels-Lund. Autorisierte, vom Verf. durchges. Übers. v. Dr. L. Bloch. 4. Aufl. Geb. M. 5.—

„... Wir möchten dem schönen, inhaltsreichen u. anregenden Buche einen recht großen Leserkreis nicht nur unter den Gelehrten, sondern auch unter den gebildeten Laien wünschen." (Neue Jahrb. f. d. klass. Altert. usw.)

Verlag von B. G. Teubner in Leipzig und Berlin

MIX
Papier aus verantwortungsvollen Quellen
Paper from responsible sources
FSC® C105338

If you have any concerns about our products,
you can contact us on
ProductSafety@springernature.com

In case Publisher is established outside the EU,
the EU authorized representative is:
Springer Nature Customer Service Center GmbH
Europaplatz 3, 69115 Heidelberg, Germany

Printed by Libri Plureos GmbH
in Hamburg, Germany